你本来就很好

自我发现心理学

茗荷 · 著

民主与建设出版社

· 北京 ·

图书在版编目（CIP）数据

你本来就很好 / 茗荷著. -- 北京 : 民主与建设出

版社, 2022.3

　　ISBN 978-7-5139-3702-3

　　Ⅰ . ①你… Ⅱ . ①茗… Ⅲ . ①心理学—通俗读物

Ⅳ . ① B84-49

中国版本图书馆 CIP 数据核字（2022）第 016363 号

你本来就很好

NI BENLAI JIU HENHAO

著　　者	茗　荷	
责任编辑	程　旭	
封面设计	子鹏语衣	
内文设计	仙境设计	
出版发行	民主与建设出版社有限责任公司	
电　　话	（010）59417747　　59419778	
社　　址	北京市海淀区西三环中路 10 号望海楼 E 座 7 层	
邮　　编	100142	
印　　刷	固安县保利达印务有限公司	
版　　次	2022 年 3 月第 1 版	
印　　次	2022 年 9 月第 1 次印刷	
开　　本	880 毫米 ×1280 毫米　　1/32	
印　　张	8.5	
字　　数	184 千字	
书　　号	ISBN 978-7-5139-3702-3	
定　　价	52.80 元	

注 : 如有印、装质量问题，请与出版社联系。

自 序

"我唯一的使命是让你记起你有多完美。"

很多人告诉我，当他们看到这句话的时候，觉得特别疗愈。

是的，我也有同样的感觉。

第二次世界大战时期集中营幸存者，《活出生命的意义》的作者，著名心理学家维克多·E.弗兰克尔的学生曾经对他说："您生命的意义在于帮助他人找到他们生命的意义。"他认为一字不差。

"让自己幸福，也致力于激发他人找到令自己幸福的力量"。对我而言，也有同样的使命感。

多年自我成长和公益工作的经历让我体悟到，感受到幸福的一个重要的前提是爱上你自己。

或许有的读者会觉得："天哪，这不是'正确的废话'吗？"

或者有人会说："只顾自己不是自私吗？"

太多的道理，太多的书，不断地告诉你：你有这样那样的问题，太胖、太矮、性格内向、不善言辞、原生家庭比较糟糕等；

你需要整容，你需要调整个性，你需要更努力。虽然这些或许能够催你更自律、更上进，甚至帮你在某些领域取得不错的成绩，但你很容易发现：你感到越来越疲惫，甚至讨厌自己。这样或那样评判的声音，深深地影响了我们对自己的热爱，影响了我们的幸福感。

而摆在你面前的这本书，就是试图改变这件事的——如何记起自己的完美，如何与自己恋爱，并发自内心地感受到幸福。

——为什么无论我做什么，我都对自己不满意？

——为什么我在情感中付出那么多，却一再体验到背叛和被辜负？

——原生家庭对人的影响真的那么巨大吗？

带着生命中各种各样的问题，因为困惑和痛苦走到我们面前的人，常常陷入这样一种怪圈：对他人寄希望过高，也渴望通过改变他人来获取幸福，但这注定百分百是会失败的。

唯有我们真实地为自己的人生负起完全的责任，我们才有可能沉浸在对生命的热爱中，去创造和享受当下的生活。

不少人在这样和那样的学习中懂得这个道理的时候，又容易走向另外一个极端，不断批评自己，并为自己的各种言行感到内疚。渐渐地，越学习越不快乐。

当你遇到困境和挑战时，主要精力不应该用来批判自己，而应该对自己抱有最大限度的理解和支持。在这样的前提下，去选择和创造你想要体验的新的境遇。更何况，如果我们把当前的经历放在整个人生的长河里，放在整个宏观的视角去审视的时候，你或许会明白，一切都是完美的。

有不少读者告诉我，看了我另一本书《我是爱你的，也是自由的》之后，觉得特别爱自己，我感到很欣慰。眼前的这本书，涵盖了自我成长、两性关系等方面的话题，通过对实际问题的探讨，试图带给你一些关于生命、爱和自我的思考。这本书继续秉承着"怀着至死不渝的信念爱自己"的理念去推动我们成长，越成长，越幸福。

发自内心爱上自己，是一条有些艰难却最根本的道路。

无论他人怎么评价你，你都知道那不是完整的你。

无论自己处于什么境地里，都要给予自己至高无上的理解和支持。

这本书得以和大家见面，要深深感谢我的父母和其他家人，是他们给我生命的最初打下绚丽的色彩，我才可以成为一个爱笑而充满生机的人。感谢来到我生命当中极其珍贵的先生和孩子，是你们让我心头始终充满暖意和童趣，也是你们，总能给我新的灵感和启发。

感谢成长的路上，那些给予我各种"生命礼物"的贵人，不管这种给予是不是以我喜欢的方式来呈现。

感谢我的出版社，是你们有完美的眼光，才让这本书得以呈现。感谢张德芬空间、壹心理、潘幸知、相待心理等各大心理学平台的编辑和读者们，督促着我这个并不算勤快的人笔耕不辍。也要感谢茗荷心理在线那些熟悉而陌生的朋友们，感谢你们一直默默守护在这个随性而安静的空间里。

前一段时间，我和朋友们有个小型的舞台表演，大家有些紧张，为了鼓励她们，我对大家说："记住了，你就是全宇宙最美的那朵花，尽情地跳吧！"

现在，我要把这句话送给当下的你，你就是全宇宙独一无二而了不起的自己，尽情地跳出你生命中最璀璨的舞蹈！

"每一个不曾起舞的日子，都是对生命的辜负。"

茗荷

2021 年 12 月，上海

CHAPTER 1

为什么爱会痛

你的生活，呈现着你的内在意识

CHAPTER 2
我真的不够好吗

两性关系中的硬核竞争力是什么

CHAPTER 3
我了解自己吗

拥有的越多，为什么反而越焦虑

CHAPTER **4**
破局的出路在哪里

直面人生中的问题

CHAPTER 5
我可以为自己做什么

为自己负起全责

CHAPTER **6**
了不起的自己

年纪越大，越要过"我说了算"的生活

为什么爱会痛

你的生活，呈现着你的内在意识

一、"我，已婚，五年没有夫妻生活"
——唾手可得的性，并不性感

"我五年没有和男人睡过了，你能想象吗？"

明子说出这句话的时候，着实让人吃惊。这是一位面容姣好、身材丰满的女性。走在大街上，她也属于那种很有吸引力的女性。

很难想象她这样的女人在过着无性婚姻。

"昨天他洗澡的时候，我不小心进去了，他竟然不好意思地遮掩自己的身体。那一刻，我忽然觉得我们真的太陌生了。"

因为明子生得美，暗戳戳来挑逗她的男性走了一拨又一拨，但她自己的道德感很强："我没有办法说服自己。"

虽然她把持住了自己，但她的落寞和压抑，演变成了婚姻中看起来不可理喻的"闹"。她不知道自己将来怎么办。

她唯一能够确定的是，自己像深秋的花一样，在迅速衰败。

01 无性，可能只是婚姻危机的警钟

中国人民大学性社会学研究所潘绥铭教授的一项性调查结果显示：在中国，20 岁到 64 岁的、已婚或者已经同居的、被调查时仍然生活在一起的男女中，每个月连一次性生活都不到的人占 28.7%，超过了 1/4。

他把这称为"婚内乏性"。但像明子一样完全陷入"无性婚姻"的人，也不在少数。

但是，无性婚姻并不天然导致夫妻关系糟糕。

美国临床性治疗师斯坦哈特（Judith Steinhart）认为：如果无性婚姻中双方都对性频率很满意，而且可以接受这段关系中没有性亲密，当然可以继续现在的性频率。

"无性婚姻的问题不在于缺少性，而在于两人对性的需求不一致。"只有当双方的性需求严重不匹配的时候，无性婚姻才成为一个亟待解决的问题。

只是，当我们出现"婚内乏性"甚至是无性的时候，我们可能需要问自己：我的婚姻，是否经由"无性"敲响了警钟？

02 婚内无性的三种报警信号

有些信号，我们不能视而不见。

（1）信号一："我不想你靠近我"

素素和老公是大学同学，彼此性格互补，很快恋爱结婚了。有了孩子之后，小两口的生活发生了巨大的变化。

素素一直和孩子睡在一起，丈夫一开始还和她们一起睡，但因为经常睡不好，就分开睡了。

素素白天上班，晚上照料孩子，根本没有心思想性生活的事情。

渐渐地，她发现丈夫不再像以前那么体贴她了，甚至经常对她发火。

因为丈夫的冷淡，他们之间的性生活更加屈指可数。最终，两人的关系以丈夫出轨而离婚收场。

从表面上看，素素夫妇是因为孩子出生后性生活不和谐导致的感情疏远，但实际上，在咨询中我们发现：因为丈夫寡言少语，素素在精神上长期得不到慰藉，以孩子和劳累为借口在性上面冷落拒绝他，是她在行使自己在性上面的拒绝权。

更令素素感到吃惊的是，她发现因为对丈夫有太多不满，在夫妻关系中她实际上是主动选择了放任关系的变质而不去作为。

当她看清楚自己对于关系的变质负有"共谋"责任的时候，忽然就释怀了。

我们常常会由表面上的事件去判断关系不良的原因，但或许，我们需要转换视角，去听一听身体在传达的声音。

当你在感情上理不清头绪的时候，是否早已经在身体上做出了选择？

（2）信号二："别让我一个人过婚姻生活"

前一段时间上映的韩国电影《82年生的金智恩》，向我们赤裸裸展现了女性在婚姻中所承受的那份不容易被察觉的负重。

金智恩生活在一个大家看起来很幸福的家庭；有众人眼中体贴合格的丈夫，丈夫能挣钱，知道关心妻子和孩子；不和婆婆一起居住。一切看起来都不错。

但是，电影继续展开，却展现了我们习以为常可让一个家庭主妇难以承受的痛：她是好太太、好儿媳、好妈妈，唯独不是自己。

生活的琐碎、女性角色的固化、渐渐远去的梦想一点点压垮了她。

借由她的生活，我们或许不难懂——为什么明明我们知道性生活重要，但我们宁愿睡觉也不愿意要。

毕竟，睡个好觉神清气爽，比顶着一双纵欲过度的眼起床要舒服多了。

性这玩意儿，需要情调，需要感觉，某种程度上对承受高压生活的现代人来说，是奢侈品了。

如果你的伴侣对性表现得毫无兴趣而深感疲惫，Ta发出的信号很大程度上是在说："请你帮帮我，别让我一个人承担这一切。"

（3）信号三："别碰我，我是性冷淡代言人"

不少人在性上面表现得冷淡，隐隐地诉说着我们内在的某种声音：我提不起兴趣对这世界表达欲望，包括性。

很多时候，我们对性、婚姻和伴侣的厌倦，并不是表面看上去那么简单。归根到底，我们不明白我们日复一日的生活是为什么，也没有触摸到生命的本质。

缺乏爱好、厌倦社交，宁愿自己动手都懒得去开展"需要两个人"的性生活。

如果我们当中有人正处于这样的状态，那 Ta 或许正面临不小的挑战。

03 无性婚姻还有没有救

纪录片《一周性爱改善实验》或许给了我们一些方向。该纪录片邀请了对婚姻现状不满意且性生活十分稀少的几对夫妻。

他们被要求在接下来的一周中，无论白天有什么争吵，晚上都必须过一次性生活。

一开始大家还像以往一样吵吵闹闹，相互不能理解，甚至对性生活感到非常陌生和害羞。七天之后，夫妻关系发生了巨大的改变。

不少夫妻甚至表示："性爱确实让我们关系更亲密"，"通过做爱，我们基本解决了所有问题"。

有几个方向是值得尝试的：

（1）"顺"：梳理关系，让感情顺畅

由于过去的冲突和积累，当夫妻双方走到无性婚姻的时候，往往在感情上已经十分疏远了。以节目中的罗伊斯夫妇为例，妻子是全职太太，带两个孩子，但在丈夫眼中属于"整天没什么事情做的人"。妻子抱怨这种不平等视角，双方总是在争吵，性生活少得可怜。

在遵守节目要求的同时，他们双方也开始实行角色互换：丈夫让妻子出去放松，自己一个人手忙脚乱地带了一天孩子。

通过这些尝试以及和妻子的坦诚沟通，丈夫才发现，自己以前对妻子要求太高了，像国王一样指挥对方。他承诺今后将分摊家务，妻子感到很欣慰。加上性的催化，双方关系可以用甜蜜来形容了。

如果你的伴侣在身体上选择了冷落和拒绝你，排除功能上的原因，双方是需要认认真真来梳理情感上的阻碍。

（2）"新"：拓宽生命宽度，为婚姻注入活力

面对生活的迷茫和厌倦，面对婚姻的乏味，夫妻双方都有必要审视自己是不是一个很乏味、缺乏活力的人。

雅文因为丈夫出轨而来咨询，在咨询师的指导下，她进行了全方位调整。一个月后，她不再把精力浪费在研究丈夫是不是积极对她上，而是自己报了油画班开始学画画，甚至潇洒地开起一直想开的卡丁车。

她找回了自信，看着她开卡丁车英姿飒爽的样子，我们感到莫大的欣慰。她的状态从内而外绽放出新的生机。我们知道，

她的丈夫一定会看见。

我们对伴侣感到厌倦的时期，或许恰恰是审视双方生活的一次机会。

我们是不是首先让自己焕发出生机，给予自己和伴侣更多的新鲜感和吸引力，而绝非向外去寻找其他关系？

（3）"松"：享受碰撞，把爱做出来

亲密是一种在家的感觉，代表了"已知、熟悉、安全"；而欲望则指向未知的彼岸，因为"未知、陌生、危险"而更加诱人。欲望和亲密从根本上是对立的。

婚后的性变得如此唾手可得，也就失去了吸引力。

这是婚姻中的性缺乏吸引力的根本原因。

但是，不换伴侣，我们仍然有很多可以作为。

就像节目中，安东尼的妻子为他写了信："无论是过去还是未来，你永远是我心目中的英雄。"

为了彼此的亲密时光，放下纷争，洗个泡泡浴，一起看看电影，坦诚聊性需求，等等，他们做了很多的功课，收到的效果是惊人的。

调整彼此的生活状态，去繁就简，舍弃一些不必要的东西，让彼此的生活压力维持在一个可以承受的范围内。

注重运动，增强活力，对性生活充分地重视，并享受其间。

这些都是我们可以让自己放松下来，让自己身心愉悦的方式。

最重要的一点，爱是做出来的。

二、新婚恋时代来临，你准备好了吗

01 新婚恋时代下的婚姻观

刚刚过去的两会，"离婚冷静期"被正式写入法典，而"单身女性冻卵权"却一直得不到采纳。

这指向了一个隐忧：

2014～2019年的结婚、离婚数据显示了在过去的六年里，中国结婚率一路走低，离婚率一路走高。

与之对应的，我们关注到：

①手机成为人最好的伴侣，超过2亿单身贵族出现。

②独自育儿正变得越来越可行，女性一直在追求独立生育权。

③不婚族、丁克家庭、多元家庭、开放式婚姻等婚恋形式逐渐成为人们关注的话题……

无论你喜欢与否，我们正迎接来一个新的更加多元的婚恋时代。

结婚从"人生大事"的必选项变成了"如果不幸福宁愿单身"的可选项；人的自我意识开始得到极大的彰显，很多冲突都发生在婚姻约束和寻求自我之间；婚姻的经济功能、繁衍功能的需求在降低，而情感功能的需求在上升。

02 女性经济地位提升：自由与责任并存

新的婚恋时代，是一个更加开放和自由的时代，但同时也是一个对人们提出前所未有挑战的时代。

（1）女性经济地位的提升，会对拓宽婚恋形式带来直接影响
"你说人为什么要结婚？"目目在咨询中问。

我知道她说的什么意思。她面容姣好，名校毕业，工作也很舒心，深得上司欣赏。但她结婚生子后，过得特别压抑。

婆婆和公公整天嫌弃她不做家务，看孩子少，却对她比丈夫还高的赚钱能力视若无睹。丈夫回家有空就逗逗孩子玩，其余时间都去打游戏、刷抖音了，家务基本不碰；甚至还会觉得她花在美容和心理咨询上的钱是浪费。

她一直压抑着自己的需求，但是，当她看到丈夫手机里为情人买的一副5000元的耳钉时，忽然崩溃了。

她不知道自己怎么会从一个能歌善舞、人见人宠的公主沦落成只知道工作和带娃的机器。她最终选择了离婚，一个人抚养两个孩子。

有数据显示，近些年来，我国离婚案件中有超过七成是由女性提出的。

中国女性劳动参与率超过 70%，居世界第一。其中，25 岁到 55 岁的中国女性参与率甚至高达 90%。

无论是选择做单亲母亲还是选择不婚不育，或者是选择留在婚姻当中，都是以女性经济独立作为基础的。

在面对出轨、家暴、价值观不合等矛盾时，中国女性的态度已经发生了巨大变化，老一辈那种"忍一忍就算了，哪个男人不偷腥""女人嘛，当然要伺候好男人"的观念已经被越来越多的女性扔进了垃圾堆。面对这些问题，因为底气足，我们有了更多的选择权和解决办法。

前几天杨丽萍发照晒美好生活，却遭人批评"一个女人最大的失败是没有一个儿女"。虽然赞同者并不少，但大多数人对杨丽萍的选择完全理解。因为她有自己选择生活方式的底气和能力。

（2）我们已进入一个最适合婚恋多元化的时代

时代的发展，使得个人生活正在面临前所未有的压力，独自生活也拥有前所未有的便利。

生活节奏快、压力倍增，人的闲情逸致正在被一点点榨干。没空恋爱、结婚太麻烦（成本太高）、社交软件遍地，仿佛再也回不去"从前很慢，一生只够爱一个人"的时代。

足不出户，你几乎可以搞定你生活中的绝大多数事，甚至包括伴侣。

日本知名互联网信息机构 DIP 曾以日本 15 ~ 26 岁区间的 5003 名女性、2283 名男性为对象展开调查，调查结果显示女性中近四成、男性中近六成对于与 AI 交往持积极态度。

无论我们如何想方设法去阻止，可能都要接受一个事实：结婚意愿的下降、婚恋形式走向多元几乎是时代发展的必然。不少学者甚至在某些节目中大呼"婚姻制度终将消亡"。

但这并不意味着人们追求幸福生活的愿望消失了。相反，婚恋形式的多元化，恰恰是人们追求幸福、尊重自我的一个结果。

随着女性经济地位的提升和人们对于幸福生活追求的更高要求，婚恋中的情感功能正在前所未有地得到重视。

03 结婚真的是一场灾难吗

不久前，《夫妻的世界》热播，剧中的夫妻看起来是人人羡慕的完美夫妻，但平静的生活下暗流涌动。妻子发现丈夫已经出轨并有了孩子，于是，一场夫妻大战拉开序幕……在离婚前后纠缠算计，步步惊心，甚至出现了命案，不少人坦言："看完感觉没法结婚了，简直是一场灾难。"

的确，在这样一个多变的时代，要想守护心中属于爱情的那片净土，变得难上加难。

或许我们需要明白一件事情：我们的目标是幸福，而不是是否结婚。这个前提或许会启发我们该怎么办。

（1）为自己设立"结婚冷静期"，不是每个人都适合结婚

李银河老师说，婚姻制度和人性有一种内在的紧张关系。

结婚，意味着放弃选择其他伴侣的权利，也意味着我愿意和对方患难与共。然而，人性里的寻求刺激、喜新厌旧、喜欢征服等，不管是不是被主流价值观承认和摆上台面，也是客观存在的一个事实。

不止一位女性发出感慨：

"我以为像他这么老实的人是不会出轨的。"

"我根本没有想过出轨这种事情会发生在我身上。"

然而，或许我们过于相信了个体婚姻的独特性，而忽视了人性。

我们比较难过地发现：不少女性在婚后敷衍工作，在单位成了可有可无的人；等到婚姻岌岌可危的时候，才发现自己连曾经认为最依赖和信任的婚姻关系也维持不下去了。这个时候，一个人的自我否定感会特别强烈。

婚姻是成人之间的游戏，如果你看不清楚结婚意味着什么，也对持久关系感到犹豫，请先充分恋爱。不要因为年龄和家人的期待匆忙结婚，也不要想着把婚姻当作遮羞布，这是对对方不负责，更是对自己不负责。

（2）抱着终身学习的态度，舍得为"爱商"投资

晶晶是曾经跟随我们学习的来访者，她是因为和男朋友总吵架而来。刚开始的时候，她思路混乱，表达不清，看问题的很多视角都比较偏颇。这并不能怪她，她对于亲密关系的很多观点来自上几代人和身边人的一些经历。

妈妈和奶奶的观点冲突，内心的声音和世俗的标准冲突，使得她完全不能客观地去看待男朋友，不能理解他的生活状态，总是渴望去改变对方。

当引导她学习到这些，并经过密集的练习之后，她给了我们一个惊喜。不仅跟男朋友的冲突小了，她竟然发现可以调节自己与家人和同事之间的关系了，看待世界的眼光都发生了变化。

晶晶的收获是让人感到欣喜的。一部分来自她切实的变化，一部分来自她在婚前就有学习经营亲密关系的意识。

我们在婚恋当中如果有主动学习的意识、提高自己"爱商"的能力，就能避免很多大坑，也能以更加积极的态度去面对自己的人生。

犯错不可怕，怕的是犯错之后缺乏觉知和成长，怨天尤人，下一次继续把自己推入深渊。

（3）你能为自己负起多大的责任，就能享受多大的自由

我们经常会碰到以下情况：

①选择一个看起来特别老实可靠的人，却抱怨对方沉默寡言，没有情趣。

②选择一个工作稳定体面的人，却抱怨对方赚钱太少，满足不了自己攀比的心。

③主动选择留在被背叛的关系当中，却把改变的希望都寄

托在对方身上。明明愤怒的是那个离不开对方的自己，却把坏情绪撒向了对方。

人的欲望和需求一点都不可耻，相反，合理的欲望和需求可以拼尽全力去满足。怕就怕，明明是自己的需求，却渴望伴侣和孩子去实现，一旦他们实现不了，就自怨自艾，甚至是抱怨自己命苦。

"你能为自己负起多大的责任，就能享受多大的自由"，你我共勉。

无论今天的时代让婚恋关系多么复杂，对我们来说，仍然好过任何时代，因为我们有为自己的生活做选择的权利。

三、性和爱，能分离吗

01 露水情缘，是因为性和爱能够分离吗

不久前，一名单身离异的男性朋友陷入了情感的困扰中，过来找我倾诉。

他在交友网站上认识了一些女性，一夜缠绵之后就想离开，有些人虽然会重新约，但也没有长期发展的打算。但从截图来看，女人们显然把自己当作他的女朋友，语气哀哀怨怨，陷入痛苦当中。

因为不断地收到女性要么谴责要么痴缠的微信，他也有些内疚。他说："明显不是冲着恋爱去的，也没有海誓山盟过，为啥大家感觉差异这么大？"

很显然，他只不过想在没有遇到心仪对象之前寻求一些艳遇，而女人却以为爱情来临，想要抓住。

这就引发了一个来自灵魂的拷问：

我们可以将性和爱分离吗？

同样的问题我曾经问过两个亲密朋友。

男人的回答是：我不会主动找这种艳遇的，如果是主动坐怀，很难拒绝，但并不会因为性就爱上对方。

女人的回答是：我不行，我不是那种可以拎得清的人，做不到截然分开，但我相信有女性可以做到。

中国的性观念一直在进步。从贴上"羞耻""恶心"的标签到"正常生理需求，需要予以尊重"，一些基本的生理卫生知识被写进课本，只是，因为对性观念缺乏学习机会和公开场合的探讨，不少人虽然没有缺过性行为，但却在性与爱的关系方面理解得并不清晰，不断地伤害自己。

尤其是女性，被动或者主动给性本身捆绑了太多的东西，让自己无法享受其中的美好，也常常付出高昂的代价。

02 男人性和爱分离的前提是什么

有人问，为什么男人可以做到性和爱分离，而女性就做不到？

不难想象，既然男性能够做到性和爱分离，那他们的女伴也有一部分做到了性和爱分离。

所以，这个问题其实本身是有可以探讨的空间的。

我们先来看看男性中的不少人（也并非全部）为什么能够做到性和爱分离？

除了双方在生理方面的差异、女性害怕承担怀孕的结果外，或许稍加注意就会发现，男性相对于女性而言，在文化与教育当中对性的追求一直是被鼓励的。

前不久，一位丈夫出轨的来访者感叹，她感觉最大的伤害不是来自先生的出轨行为，而是在他出轨之后，虽然婆家批评丈夫做得不对，请求她的原谅，但言辞之中透露出，他只不过犯了一个"男人都会犯"的错误，这种轻描淡写的态度，深深地伤害了她。

也就是说，他只不过经不住诱惑，只要是他没有爱上第三者要离婚，那都不是多大的过错。

她和丈夫都是高级知识分子，从这个事情当中，她才感觉到中国男性和女性在两性关系上，从没有真正平等地拥有话语权。

不少男性不仅出轨，还会把第三者公开带到朋友面前和公共场合。这背后不仅是缺乏对伴侣的尊重，最根本的还是把女性当作资源加以炫耀，在物化女性。

男性在公共场合甚至是媒体上开各种玩笑，有性暗示，反而容易被认为是有创意和幽默，但女性这样做却是明里暗里不被允许的。

性对女性而言，有时候是被压抑、不允许表达的。在我们的文化与教育当中，对女性而言，追求性享乐，本身就是暗戳戳地被贴上了"羞耻、不可以"的标签。

曾经有一位女性朋友，她说，她在结婚后不能从性生活当中获得任何愉悦的感觉，问题并不在于伴侣的技术和配合度，而是从小她妈妈为了保护她给她灌输了"性是可耻的，遭排斥的，只是为了满足男人"的观念。当她可以自由地享受这份美好的时候，却发现自己怎么也放松不了。越是放松不了，越是无法体会到别人口中的美好。好在她有个十分有耐心的老公，一直在这方面引导她，她的情况渐渐有了好转。

女性对性的理解更多是被动的，不能主动追求的。在这样的灌输之下，很多女性在缺乏性经验，不知道自己和伴侣的需求，对男性也缺乏基本认知的情况下，常常因为发生过关系就去盲目地爱对方，甚至是明明不爱对方却因为身体上的关联选择匆忙结婚。

当你连性快乐都感受不到时，还谈什么性和爱分离？

03 他出轨了，真的是性和爱分离吗

男人能做到性和爱分离的另外一种现象就是，不少已婚男士在出轨后对着妻子赌咒发誓："我只是身体上的需要，我爱的人是你。"

这从女人的角度看来，几乎是不可能的，因为很多女性觉得跟自己不爱的人开展性行为，自己会觉得恶心，不可接受，所以更加不相信老公口中的生理需求是真的，觉得那只不过是一句骗人的鬼话。

很多时候，关系当中的两个女人都为之痛苦不堪，互相仇恨，但这种现象怎么评论呢？对于有些男人来说，其实他们谁都不爱。

真的爱一个人的时候，你不会舍得让她为你的纵欲买单。如果一定要问他爱谁，答案是他爱他自己。陷入多边关系的绝

大多数人，只不过既不愿意失去某些东西，又不愿意放弃寻求刺激或者其他精神需求的诱惑。

那么，有没有人真的是爱自己的伴侣，却摆脱不了生理的诱惑呢？我个人认为是有的。当双方出于身体的原因，对性的需求度和渴望度不同的时候，这种矛盾容易出现。

曾经有一对夫妻一起来咨询。

妻子把家里打理得井井有条，孩子培养得十分优秀，但就是因为身体不好，无法满足丈夫。丈夫又是那种精力特别旺盛的类型，不断出轨又迅速撤离，每次他在发展关系之前就明说，他不会陷入爱情。

妻子很难明白，为什么他既不肯离婚，也没有爱上别人，可就是要跟其他女性发生关系。

丈夫自己也非常困惑，他搞不懂为什么就是控制不住自己。面对妻子提出的离婚，他感到莫大的恐惧，一再表达自己的爱，苦苦挽留妻子。

当两个感情甚笃的伴侣在性上面出现不匹配又不愿意分开的时候，性和爱分离是唯一的出路吗？恐怕未必。当然，这是另外一个话题。

04 女性可以将性和爱分离吗

我们不断地听到不少女性说"男人和女人不同"，自觉自动地放弃了对性的追求和享受，但日常生活当中出现的性压抑，却转化为糟糕的负面情绪、机体的早衰和无尽的孤独与惆怅。

前几日，我重温了探讨爱与欲的经典电影《查太莱夫人的情人》。丈夫克利夫因为在战争中负伤，尽管家产丰厚，但已经丧失了性能力。年轻美貌的妻子康妮在忠于丈夫和身体的需求之间痛苦挣扎，渐渐枯萎，直至看到了自家的园林守护人梅勒斯健硕的身体。他们由性而爱，冲破了阶层之间的禁忌。

电影中守寡 23 年的护士波太太给了康妮很大的鼓励，她以自己的经历告诉康妮，如果在年轻的时候，你都不曾好好地享受过你原本就有权利享受的东西，却被某些东西所桎梏，那是让人懊悔的。

正是在这种鼓励之下，康妮选择了忠于自己的身心，最终抛弃了人们所趋之若鹜却毫无生气的生活。

我们并不是倡导女性过度放纵。只是鼓励女性不要被传统观念和文化所过度影响，而要认真审视自己的爱与欲。因为对青春的被动荒废，是对自己生命的一种不道德。

大大方方承认自己的欲望和需求，也敢于为满足这种需求而负责。

如果是出于欲望有亲密关系，但却不爱对方，不用给自己硬贴上爱的标签。

享受性，勇敢地在性生活中表达自己的需求，也同时鼓励伴侣表达需求。

在确保安全的前提下，增加性经验，提高自己爱的能力。

当然，我们不能否认的是，人最期望的还是平等的两情相悦的性爱。那种水乳交融的巅峰创造的满足感，不是任何一次"没有爱，只有性"后的空虚和落寞所能带来的。

四、多少情侣聊天记录曝光，关系死在这一步

01 好的关系来自好的沟通

贝基和丈夫结婚 4 年，孩子 1 岁半，因为夫妻感情出现裂痕走进咨询室。

婆婆来帮忙带孩子，总会因为育儿观念不同跟贝基拌嘴。贝基一开始还忍，可时间长了实在忍不了，会抱怨几句，丈夫就开始责怪她。她带年幼的孩子睡不好觉本来就很累，可是丈夫还那么多话，她感觉十分委屈，就经常和丈夫吵架。

"对这种两个人相处上的变化好好沟通过吗？"

"有啊，当然有，可是没用，除非是吵起来，才能引起重视。"

"吵架之后呢？"

"有时候有效，有时候没效，关键是夫妻因为这些小事情彼此疏远了，很不值得。"

听到这里的时候，我们或许需要赞美贝基对这种"小事"的在乎，能够防微杜渐，仅仅因为沟通上的事情走进咨询室。

为什么这么说呢？

因为不少人对于沟通不良的危害根本意识不到，而是等到夫妻关系快要分崩离析的时候，才像抓救命稻草一般想要咨询师来力挽狂澜。可那个时候，咨询师往往还是会提醒你注意沟通的方式和技巧。

沟通到底有多重要？

许许多多无法挽回的关系，最开始的时候，也是甜甜蜜蜜、心无罅隙的。只是在平淡而琐碎的生活当中，双方渐渐失去了沟通的欲望和习惯，或者一方忙于照料孩子的日常，或者一方忙于繁重的工作，双方逐渐变成了最熟悉的陌生人。

经典电影"爱在"三部曲《爱在黎明破晓时》《爱在日落黄昏时》《爱在午夜降临前》，在前两部电影中，偶遇的男女主人公是精神层面高度一致、彼此怦然心动的，他们的很多对话都能让人不断回味，但当他们在现实层面结合，却跟普通夫妻一样，面对生活中的琐碎和不堪，开始吵架、冷战，渐行渐远，差点分手，还好最终通过勇敢地面对和超越常人的探讨，彼此开始找到新的相处之道。

寻常情侣，或许也需要认认真真地探讨沟通对于关系的意义。

02 四种错误的沟通方式及其破解法

在心理咨询当中，咨询师经常会建议来访者跟另一半先做沟通，但我们时常听到这种回答：

"沟通过，没用的！"

"Ta那样的人，别说沟通，刚开头就会给你打断。"

仔细问下来，很多人的沟通，由于方法不当，一开始就失败了。

（1）第一种：你应该……（道德评判）

林子下班回到家，手上提了大包小包，想着孩子要回家了，匆忙出办公室就没拿伞，一路小跑回来，自己和手上的东西都淋湿了。

进门的时候，丈夫对她说："让你给我买的药买了吗？"林子才猛然想起，她抱歉地笑了笑。丈夫紧接着说："你应该下班先去买药啊！"

如果是日常听到这种对话，林子可能还没有那么计较，但当时她跑得很累，又浑身淋湿了，手上一堆东西没人接，还遭到丈夫责难，一下子火就很大："我心里挂记着孩子没人接啊！"

"你应该……"是我们在日常生活中经常听到的对话，背后的潜台词是，你在当下的情况下，选择了一种不明智的方式，你应该有其他更好的选择或标准。

这其实是在用自己的道德评判，用自己的标准（价值观、信念）等来衡量、要求别人，将责任归咎于对方。

但我们不能忽视的一个事实是，每个人个性和处理事情的方式不同，所处的环境和条件也不同，选择不同是非常自然的事情。

具体到一件事情上，或许我们可以提建议，但并不是以一种"应该"的立场去显示自身的明智。

（2）第二种：那个谁谁谁怎么做的……（比较）

肖的妻子最近过生日，他听见妻子在旁敲侧击："单位的芸最近生日的时候，老公订了一个超好的江景房吃饭，还买了一个啥啥啥……"

本来老婆过生日他也准备好了礼物，准备一家人出去吃一顿，但是听到老婆这么说的时候，他反而失了兴致，就草草送了礼物了事，连生日快乐也是让孩子去说的，其他的温情话也没再说了。

妻子闷闷不乐的时候，可能还不知道自己的这种比较，已经给丈夫构成了心理上的压力和行动上的阻力。

如同孩子不喜欢妈妈总是拿"别人家的孩子"来压迫自己，夫妻之间也是不喜欢这种比较的。

当你有意无意地突出他人做得好的部分，打击提醒自家那位做得不足的部分，很容易给对方压力。Ta 就更不容易在自然的状态下满足你的需求，即便是迫于压力满足了，也会心存不甘。

（3）第三种：就是你，blabla……（回避责任）

在日常生活当中，我们免不了会遇到各种棘手的问题。不少夫妻在此时通常喜欢以"看看你，就是你搞的……"去责难对方。

这个时候，另外一方如果也不冷静，双方就容易把小事演变成一场"责任追究"大会，不欢而散。

实际上，当问题和困难出现的时候，当事人本人是感觉最难受和最需要理解的人，此时在身边的伴侣如果能够充当安抚者，而不是指责者的角色，当事人更容易因为这种理解而心怀感激，平静下来，从而找到解决问题的办法。

如果当事人是两个人，一方能够主动承担属于自己的部分责任，甚至是多包揽一些责任，对方也会迅速地从沮丧情绪当中平复下来，从而有利于事情的解决。

在很多事情上，我们或许改变不了对方和其他外界环境，但是如果能主动承担责任，勇敢地去行动，往往是良好的开端。

（4）第四种：你这样是不对的……（执着对错）

有一次在开会的时候，一对夫妻在场，丈夫刚刚针对议题说了几句话，妻子当场就脱口而出："你这样说是不对的……"

当时丈夫的脸一下子耷拉下来，大写着三个字"一边去！"，妻子显然没有照顾到丈夫的面子和情绪，把日常在家中的对话模式搬到了外人面前，一下子激起了丈夫的不满。

常言道，家不是讲理的地方，对错真的没有那么重要。虽然真实地表达自己的需求和观念是必要的，但是，是不是要在一件事情上去区分对错，或许没有那么重要。

电影《爱情呼叫转移》中，男主人公因为挤牙膏从中间挤这种生活习惯上的小事总是受到妻子批评，最终受不了，离开了妻子。

　　一方如果执着于另一方并不那么在意的事情上的对错，另一方会有很强的不适感。事实上，对与错从不同角度看，结果并不一定相同。

　　比方说，妻子认为丈夫应该少喝酒保护身体，但如果丈夫那个时候没喝酒，心里非常不开心，去通宵打游戏了，或许对身体伤害更大。

03 沟通，需要爱和信任加持

　　我们经常赞美一个人情商高，其中一个重要品质就是，Ta 擅长通过恰如其分的言行，让对方感到舒适妥帖，并且得到自己想要的结果。

　　那么，我们在沟通中有哪些是一定不能忘记的呢？

　　或许这个答案对每个人和不同的沟通对象都是不同的，但有一些共同规律我们可以借鉴。

（1）区分事实和感受

　　印度哲学家克里希那穆提曾经说："不带评论的观察是人类智力的最高形式。"

　　《非暴力沟通》的作者马歇尔为我们讲了这样一则故事：

有一对夫妻，结婚39年，他们在钱的使用的问题上有冲突，结婚半年之内妻子就两次透支了支票。从那之后丈夫就把支票本锁起来，再也不让妻子去碰，为了这件事情他们吵了39年。

马歇尔问他们："在这个问题上，你们的需求是什么？"

一开始他们都回答不上来，却一致用评判的方法给对方贴标签。

后来在马歇尔的引导下，丈夫说："我会觉得害怕，因为我需要在经济上保护整个家庭。"

丈夫这么一说，妻子瞬间就理解了，妻子说："我会觉得羞愧，因为我需要被你们家里人认可。"

当他们彼此知道对方的需要的时候，就吵不起来了。

非暴力沟通最重要的原则就是区分观察和感受，然后表达自己的需求和请求。观察是客观的，也就是事实本来的样子，而感受却是主观的。

比方说你没有洗衣服，这是观察到的，但"你一点都不心疼我""不替我分担"，这却是我们的主观感受和评判。

我表达"你真不爱干净""不愿意干家务"时，你可能会反感，如果我采用非暴力沟通方法，表达为：

"你没有洗衣服（观察），我感觉到这加重了我的家务活，感受到不被你心疼（感受），我希望大家分担家务（需求），你洗衣服，可以吗（请求）？"

相信大部分人听到这种表达方式都会欣然接受。

（2）带着爱和信任去沟通

不少人在琐碎的生活当中，很喜欢给对方贴上一些标签，比如"他就是这种不思进取的人""她就是这么懒，心不在焉"……

每次听到这种评价的时候，我都希望他们能够先放下对对方的期待和评判，用全新的眼光去看待身边这个最熟悉的人。

我们的很多沟通之所以会无效，除了技巧上的原因，背后还隐藏着很大的不信任，缺乏真正的爱的流动。

比方说，你觉得他不会带孩子，与批评和指责相比，更有效的方式是你从信念上首先相信他完全可以以他自己的方式把孩子带好，并且充分地鼓励他，让他多参与，慢慢地让他有参与感，并感受到成就感，把与孩子相处这件事情做好。

秘诀就是，你期望对方是什么样子，首先自己要沉浸在那种状态之中，看见对方，鼓励对方。

五、你的生活，呈现着你的内在意识

最近，朋友宁宁分享，她发现每到夏天，她的情绪就特别地焦躁，感觉整个身体的热量排不出去，像闷在笼子里一样，非常难受，加上工作忙碌，家里孩子又小，她总是容易感到心神不宁。

她特别渴望把这些东西理顺，但呈现的状态却是"什么都想做好，什么都做不好"。工作上常常抓不住头绪，家里又脏又乱，孩子的期末考试也考得不如意。她感觉"一切都乱糟糟的，缺乏秩序"，经常对着家人发脾气，气氛也越来越紧张，不知道该怎么解决。

相信她的困惑很多人都有。尤其是在大城市生活的我们，非常渴望周边的事务都在自己可控的范围内，但常常你会发现，世界根本不会如此运行。

①孩子把作业本忘在家里了，老师让你赶快送来。

②工作上的下属因为粗心让你频频给合作方道歉。

③家里老人旧疾复发，疼得叫苦连天，时不时再对你莫名其妙发顿脾气。

④猪队友自己忙得不着家还经常问你："我的那个足球服到底在哪里，我明天要去踢球的！"

⑤你自己久未出现的身体老毛病也来找你……

哦，天哪，这世界怎么了？我想要顺顺利利，怎么会如此失控？

尽管我们不少人的生活一地鸡毛，毫无秩序感，你是不是也会发现身边有不少"别人家"的人，把自己的生活理得无比有序而和谐？

我朋友圈有个妈妈，经常会晒她为孩子们做的美食，也会晒她亲手插的各种美美的花，她不仅不是大家以为的全职太太，还是两个孩子的母亲，有着并不清闲的工作。我问她是怎么做到的，是不是睡得比别人少？结果这个妈妈答非所问地给了我一个高度认同的回答：你自己乱了，生活才会乱。

反向理解就是，看起来乱糟糟的生活现状，其源头并不是你身边这些重要的他人和重要的事件，而是我们自己的内心。

为什么这么说呢？

01 你与他人关系的错位，造成了混乱

一位单亲妈妈最近向我哭诉，说前夫在另外一个城市，每隔一个月来看一两次女儿，离开女儿的时候，女儿会哭泣。她觉得前夫不负责任，不爱女儿，因为孩子，她的心情特别糟糕。

经过了解我知晓，与前夫离婚之后，她陷在不良情绪中无法自拔。因为前夫出轨，她内心对他充满怨恨，而且也认为孩子没有父亲非常可怜。两种情绪交织之下，她内心一片混乱，情绪非常糟糕，影响了她对事情的判断和感受力。

这就是为什么当很多人陷在泥泞当中求助"我该怎么办？"的时候，我们的建议却往往会让其先做好自己，然后再去经营关系。

因为如果你自己都还没有调整好的时候，却想通过控制去影响对方，是徒劳的，也会让身边的人非常累。

回到内在，听听自己的需求到底是什么。看起来杂乱无章的生活，往往就是你内在的呈现。

02 你内在的失衡，导致了混乱

最近一个来访者问我："为什么这一切会发生在我身上？"她指的是既有一个随时可能被点燃的老公，又有一个特别喜欢折腾搞事的妈妈。生活乱糟糟的，总是需要她来打扫乱摊子。

尽管她每次都痛苦不堪地描述了他们之间发生冲突时她内在的痛苦。我却在咨询中发现了她一方面很讨厌现状，另一方面期望从解决问题中获得成就感。这是一种很微妙的感觉，是她内在冲突的一个原因，也是她自身的一个渴望和需要。当我指出这点的时候，她说真是一语中的。

好在她是一个非常有觉察力和学习能力的人，通过心理咨询和自我成长，她明白了她生活中看起来十分棘手的问题其实处理方式是非常一致的：去调整自己的内在，去解决问题，去跳出原有的模式。

当然，凡事都有利弊，这种无序的生活状态并不是毫无可取之处，有些人就喜欢随意无序一点，只要你的内心觉得舒坦和自在，其实也没有什么不妥。如果觉得非常烦闷和焦躁，渴望回到有序的状态，那么以下会有一些方法是值得去尝试的。

（1）调养生息，为身心平衡提供基础

我们很多人无序和焦虑的背后，是危机感。认为自己不忙、不勤奋就是过错，为此非常不安。但值得提醒的一点是，生命的存在本身就是至高无上的奇迹。无论你觉得自己多么不可或缺，一定要关照好自己的身心。因为身心的健康是我们内在平和、外在有序的基础。

对自然和生命常怀敬畏之心，选择自己喜欢的，去做令自己安宁、放松的事情。无论是静坐站桩，还是冥想瑜伽；无论是读书、茶道和手作等看起来静的方式，还是跑步健身等动的方式。

每个人适合的方式不同，不用效仿，也不用执着和比较。只要是让你感觉身心越来越舒畅的方式，都可以坚持下去。

（2）分清不同的需求，为自己的情绪负责

前文提到的来访者，一直因为妈妈"戏份很多"而痛苦不堪：今天是妈妈给她带孩子，她要给钱，于是她每个月给妈妈5000块；过几天妈妈又说要搬过来跟她一起住，把租金给她；再不然就是妈妈说自己给她带娃，婆婆多么轻松……每天上班都很忙碌的她回到家之后疲于应付妈妈的各种情绪，非常苦恼。

后来她经过学习，才知道自己没有办法替妈妈的情绪负责，从而渐渐调整了方式。

哪怕是再亲的人，我们都没有能力为他的情绪负责。比较理想的状态是我们各自做好自己，为自己的情绪负责。

如果在你的身边有情绪勒索者存在，你可以听着、看着他的表演，看穿他的需求，但是莫入戏太深，也可以试着放下"他不开心一定是我没做好"这种思想负担，自己为自己的生活和情绪负责。每个人自己的轻松快乐，就是对周边人最大的贡献。

（3）内在越宁静，外在越有序

一个经历丈夫出轨的女性，处在和丈夫关系的修复期。双方都很有诚意，但是女方因为经历过刺激性事件，一直被"老公不爱我"这个信念困扰，内在非常不安。尽管老公疼爱老婆，也尽力照顾老婆情绪，但双方经常因为很小的事情发生冲突。

后来，经过咨询，她开始暂时放下那些奇奇怪怪的想法，开始运动、读书，专注做事，关心家人，尽力做到无论有没有人陪都很开心。老公开始好奇她的转变，主动提出去跟她跑步，两人之间也多了很多温情的互动，关系处于良性改善中。

尽管大部分人都知道，我们的情绪更多地是受到自己内在的影响，而并非外在的人和事的影响，但很多人改变现状的方法却是把主要精力都放在了外在的东西上。

比方说，要更多的爱，赚更多的钱，忙更多的事情，和更多的人聊天。但不难发现，这些虽然有利于缓解自己一时的焦虑，或者带来短暂的成就感，但对于内心的安稳和宁静并没有太多的帮助。

解决我们生活无序、情绪混乱而焦虑的关键，还是从"内"出发，听到内在的声音和需求，再配合外在的行动，以主动者的身份创造自己想要的生活。

六、出轨后的生活，并不是你想象的那样

01 "我真的没有想过要离婚"

燕子和丈夫育有两个孩子。去年年底的时候，燕子无意中看了丈夫的手机，发现他不仅在游戏里娶了"老婆"，而且还把这份关系带到了现实，有了情人。

为了确认实际情况，燕子一直跟着丈夫到了女人家楼下，一天之内，她看见丈夫进进出出女人的家里三次。

"我一下子就绝望了，在我眼中绝没可能出轨的人，怎么会有情人，还是个娱乐场所的女人。"自那之后，只要是丈夫在家，她就收缴丈夫的手机，无论他到哪里去，都必须报备。

她总是一次又一次逼问丈夫，丈夫崩溃了，最终提出了离婚。

"你就那么狠心吗？"燕子站在民政局的门口曾经哭着问丈夫。

"对不起，我实在是过不下去了。"丈夫这么说了之后，就进去了。

燕子和丈夫的感情基础并不差，燕子也是真心打算原谅丈夫的，丈夫出现外遇之后也没有想过要放弃婚姻。我们在咨询中经

常遇到这种情况：丈夫出轨，妻子打算原谅，但一切举步维艰。

我们经过当事人的允许，采访了几名有过出轨经历的男性，想听听他们的声音。虽然可能很多人会骂他们，但我们还是渴望把他们的声音记录下来，以帮助一些在同样的境地里想继续婚姻的人。

✿ 峰，36 岁，外企中层管理

我是在父母管教严格的家庭长大的。在我成长的过程中，父母在我所有的事情上都要发表意见，一旦我想发表观点，就会遭到斥责，所以我在绝大多数的状态下都是选择委曲求全，没有真正按照自己的心意活着。

我见到老婆的时候，真的是由衷地被吸引的。她很美，最关键的还不是这个，她的个性实在是太吸引我了。她很洒脱，属于典型的"我想干吗就干吗"的类型。我特别喜欢她这种洒脱劲儿。

可是好景不长。有了孩子之后，可能是因为我们异地交往两年，她刚开始对我一点都不放心，经常忽然视频查岗，钱全部上交；在一起生活之后，经常会查我的手机，我们经常会吵架。

我开始在网上找别的妹子聊天，甚至是见面。老婆发现之后，我们大吵了一架。她骂我"肮脏"，我百口莫辩。

但是我真的没有想过要离婚。我向老婆当场承认了错误，打算"翻篇儿"。事情过了三个月了，如果你让我形容这段时间的感觉，我觉得是活在地狱。

我知道老婆在心里一直放不下这件事，所以对我有很强的情绪。但是我受不了她把我一直钉在耻辱柱上，每天查我手机，动不动就提那件事。她每次提起来的时候，我感觉我的头都要炸了。

昨天晚上她又大闹了一场，我们又把离婚说出了口。但是，从内心而言，我并不愿意放弃孩子和家庭，可好像已经没有选择了。

✸ 云，44 岁，民营企业高层

我是个出轨的惯犯，这点我毫不隐瞒。

可能是因为我愿意听女人说话，并且愿意提供细致温馨的陪伴，所以我这么多年没缺过情人，但我也没有想过放弃我的家庭。

老婆在我眼中虽然也有很多不足，但是她为人大气，这在女性中并不多见。虽然我们已经好几年没有性生活了，但不影响我对她的关心。

如果要离婚重组家庭，对我来说代价太高，我的资产会被稀释，钱也一直由我老婆掌握。

在这次东窗事发以前，我以为我在女人之中可以自由周旋，不会出什么事情的。直到我遇见芳芳。她年轻，有活力。我打算收手的时候，她威胁我，并且和我老婆见了面。

事情的发展完全脱离了我的控制，因为双方之间的冲突，报警都报了好几次。

我最没有想到的是，我既不能妥善处理好和情人之间的关系，也无法面对老婆的情绪。

老婆说她原谅我，也的确没有大吵大闹，但就是有时候会忽然在房间里大摔东西，或者因为一点点小事情就说"我觉得不想活了，好没有意思"这种话，这种话给了我很大压力，也令我觉得很痛苦。

我虽然知道我是自作自受，但每次看到老婆那种哀怨的眼神，就觉得生活好难。

有时候甚至在想索性破罐子破摔，离婚了从零开始，但老婆情绪稳定的时候，我又觉得自己这样做不对。

✺ 江，55 岁，公务员

"我实在是忍不下去了，我这一辈子再不为自己活，我就没机会了。"

老婆是长辈们介绍的，她勤劳能干，的确是为这个家庭付出了很多。

因为我在单位工作比较忙，家里的大小事务都是她在打理，我也一直对她很放心。但她有个我难以忍受的点，就是不断地抱怨。大大小小的事情都能被她抱怨。

一开始我还耐心地开导一下，但时间长了我也受不了。两个孩子也很讨厌这点。久而久之，我们都不愿意和她说话。

年轻的时候，我提出过好几次离婚，但因为父母强烈反对，都不了了之。

我大学时代的女朋友离婚后，我们俩就聊上了，我的苦楚她都能理解。

一切就这么自然而然地发生了。你问我什么感觉？我觉得是欢愉与痛苦并存。我并没有想到我这个别人眼中的好父亲、好丈夫能做出这种事。老婆发现之后，很震惊。

因为老婆在家里大吵大闹，孩子们也知道了。她觉得我是嫌弃她变老了、变丑了，开始减肥、买衣服。

可其实是因为她负能量太足，以至于我不愿意和她对话了。

我这个人比较爱学习，也愿意尝试新鲜事物，所以朋友比较多，但和老婆基本没有话说。

而大学时代的女朋友是大学老师，多年来也一直在学习和自我提升，她唤醒了我与异性交流的欲望，我们可以一起探讨一些形而上的东西，这种愉悦感不是精致的容颜和服饰可以换来的。

我当然觉得很对不起老婆，事发之后，我也试图回归家庭，但是没有办法，每一次我想和老婆深入交流我们之间的问题，她总会归咎于第三者。我已经对老婆的思维方式彻底厌倦了，我只想最后为自己活几年。

02 如何面对出轨后的婚姻

很多人可能会说，道理我都明白，可是那种窘迫和紧绷感，是真刀真枪的啊！

是的，我们没有办法去让丈夫按照我们的意愿而活，也没有办法逃避对自己和家人的责任，但我们可以做的部分也不少。

如果你在内心觉得自己正处于这种窘迫、紧绷的状态，或许值得对自己来一次全方位的大扫描。你可以多问问自己——

出轨后的婚姻修复要点在哪里？如果是从出轨方的需求角度看，他们最怕的东西有这么几样：

第一，因为出过轨，配偶把自己永远钉在耻辱柱上，一辈子过赎罪的生活。只要是双方一闹不愉快，就提起之前出轨的事情。

第二，配偶采取过激的手段控制自己的手机和钱财。比方说无休止地查岗、查手机，或者控制金钱，让人缺乏人身自由，喘不过气。

第三，配偶在情绪上通过冷暴力、发脾气等，影响了夫妻婚姻生活的幸福感。然而，作为被背叛的一方，也遭受了很大的伤痛，会问：

"我原谅你，你没有代价，怎么知道你会不会再犯？"

"信任被打破，哪有那么容易重新建立？"

"我的情绪和伤痛怎么办？"

面对婚内出轨，留下来和离开的人一样，都是勇士。留下来的人，需要面对的问题可能更为复杂和更有难度。

比较建议的是，如果夫妻双方都有诚意，可以尝试这几个方向的努力：

（1）借由出轨事件，开诚布公地谈谈婚姻中存在的一些问题和对彼此的感受，并想办法去共同努力改善

很多人说沟通无效的原因在于，被背叛者往往容易站在道德制高点上指责、抱怨对方，因此谈话容易陷入僵局和无效状态。

只有双方放弃一些成见和预设，不带目的地去沟通，才是真正的沟通，才会听见真正的声音。这个要求并不低。

（2）通过学习和成长，增加对人性、婚姻和自己的了解，破除一些不切实际的幻象

不少女性在遭遇背叛的时候，都会说一句话："我觉得即便全世界男人出轨，他也不可能。"

每次听到这种话的时候，我很理解，但是也真的希望姐妹们对人性的特点、两性的差异多一些了解。我们非常容易把婚姻等同于幸福，也很容易认为对方对"让我幸福"负有不可推卸的责任。这种把婚姻和对方神化的认知，是我们自己需要调整的。

（3）适当的时候，寻求专业力量的帮助

不少被背叛者知道找配偶发脾气不好，就选择了自我消化，表面上看不到脾气，内在却是压抑和委屈的。轻者不开心，重者内化为很严重的疾病，得不偿失。

我们前几十年的生活很大程度上是随着大流，糊里糊涂地过的。走到现在，是非常有必要进行深刻的自我梳理和思考的。这个时候，不要难为情，更不要舍不得，在困难的时候就应该寻求专业力量的帮助。

在婚姻中所遭受的痛苦，在自我成长上的迷茫，当你的力量不够的时候，请寻求专业咨询。如果碰到合适的机缘，这种滋养是一辈子都可能会受益的。

CHAPTER 2

我真的不够好吗

两性关系中的硬核竞争力是什么

一、你没发现的两性关系硬核竞争力

我们从不否认外貌、金钱等外在条件具有强大的吸引力，但亲密关系是否持久而顺畅，却和一个人的倾听能力、鼓励欣赏他人的能力、情绪管理能力以及允许伴侣做自己的四个硬核能力息息相关。

01 倾听能力

硬核指数：五颗星。

倾听能力到底有多重要？

试想一下，当你白天遭受上司的刁难，拖着疲惫的身体和沮丧的心情说给伴侣听的时候，他要么在打游戏，要么说一句"这么点破事有什么好难过的，你看我在公司，天天受这种气也没说一声"，你的感受会是怎样的？

如果这么说："请不要一个人烦恼，如果有什么事情就找我商量吧，我只会聆听，并不会多言的。"感受一下你听到这种话的心情会是什么？

现代都市生活压力某种程度上已经让人难以承受，如果能有个人好好听你说话，你的烦恼就可能减轻了一半。

从实际生活看，我们大大低估了倾听能力的重要性。

好的倾听绝不仅仅是好好听着，还包括当事人的情绪感受，内容里出现的其他人的情绪感受，以及是否能够及时察觉到自己的情绪感受。

这些都是在听的当下就需要做出反应的。良好的倾听本身就是一种疗愈。

02 鼓励欣赏他人的能力

硬核指数：五颗星。

一个擅长鼓励欣赏他人的人是很有魅力的。

心理学上有个"赫洛克效应"，是指通过激励组、受训组、忽视组和控制组四个组的分组实验发现，激励组成果是最为优秀的，而控制组表现最差。

关于赞美，知乎上有一个小分享。

高中时代的一个男生成绩很差，调皮捣蛋，经常被老师和同学们排挤。那个时候，同学们擦完黑板之后，很多粉笔灰会飘落到教室里养的植物的叶子上。

细心的他在每节课下课之后总是悄悄地把叶子上的灰尘打扫干净。

这一切被他的同学，众人眼中的美丽姑娘看在眼里。很多年后，她对他说到了这个小细节，说："你是我见过的最美好的男生。"

他真的没有想到自己的这个举动不仅被人看到，还用"美好"形容看起来那么糟糕的自己，他觉得整个人都亮起来了。

能够诚心诚意并恰如其分地赞美伴侣，是对心理能量要求很高的。

关系进入较深的阶段，我们对伴侣常常怀有更高的期待，容易批评和要求对方，更谈不上鼓励和欣赏。

能够做到这一点的人，一方面是本身比较自信，另一方面是善于从积极美好的角度去解读和看待他人。再加上，这一能力的显现需要在当下的情境中，根据对方的情况快速而准确地做出表达，可见这一能力的稀缺性。

再比如："你是我见过最具心智的女人""与你在一起的日子才叫时光，否则只是时钟无意义地摇摆"。哎呀，听到这种话，感觉要投降了对不对？

我们不少人在过去的成长经历当中，很少得到父母和老师的夸赞，内心世界往往很紧张，生怕自己不够优秀，不配得到爱。

但是，无论自己表现如何，如果有一个人总能发现自己的美好，因为对方的鼓励，自己会迸发出自己都未曾意识到的力量，以及克服世界上所有困难的勇气和决心——可见，会鼓励欣赏在亲密关系中是多么重要啊！

03 情绪管理能力

硬核指数：五颗星。

通过对多年咨询案例的观察，我发现夫妻感情不好，大多数都与情绪管理有关。

女人常常通过发脾气表达对伴侣的不满，男人常常通过冷暴力或者暴躁深深地伤害伴侣。

恋爱时，需要处理的问题比较简单，加上二人此时黏性较强，相互比较在意，很多人的情绪问题被忽视了。

但走入婚姻之后，特别是有娃之后，一地鸡毛的生活很容易让彼此矛盾重重。此时如果一方或者双方有较深的情绪问题，矛盾会很快升级，甚至是让孩子成为无辜的受害者。

对大多数事情抱以理解，并具有很强的同理心，负面情绪的恶化才会少一些。

试想一下，你正想发脾气，伴侣忽然看懂了你没有说出口的需求，替你表达出来，并给你一个暖暖的拥抱，你冲上头的那股气是不是瞬间不知道跑到哪里去了？

一个情绪稳定的伴侣，是良好关系的稳定剂。

04 允许伴侣做自己

硬核指数：超五颗星。

琳琳和丈夫是众人眼中羡慕的夫妻，颜值高，经济能力强，看起来特别登对。但他们有一个致命的毛病，都渴望控制和改变对方。

丈夫希望妻子下班就按时回家，不要到处跑去跑来学习课程；妻子希望丈夫不要那么懒散，要更上进一些。

他们几乎每天都因为对方不顺自己的意而发生争吵。

关系中的很多冲突，都源于我们想控制和改变对方，并且我们深深地认为，对方不按照自己的心意行事，就是不爱自己的表现。

尤其是结婚后，不少人容易把伴侣视为自己的私有财产，就更容易强行改变对方的意愿，对对方做出不切实际的期望，一旦达不到，就很容易发生抱怨和争吵。

"我不赞同你，但我理解并允许你。"这几乎是亲密关系中超稀缺的硬核竞争力了。

我们每个人的生命渴望都是值得尊重和理解的。正因为他从内心接纳自己，允许自己做自己，才会对伴侣宽容并尊重。

如果能在生活中碰见一个这样的人，千万别错过。

二、我们可能低估了这件事对人生的作用

一大早，琴在群里发来一张铅笔素描的古代仕女图，图中女子眼睛大而有神，嘴角微微往上翘，既娇艳又透着力量和淡定，看起来很舒服。

让人惊讶的是，这张图是她自己画的！

其实，她并不是一个有画画基础的人。几年前，她还是一个重度"月子病"患者，那个时候她连生存都感觉是一件极其困难的事情。总是浑身疼痛，彻夜失眠。

庆幸的是，她在那个时候开始拿起笔练习书法，字帖练得有模有样之后，又开始自学画画。

当这些爱好渐渐进入她的生活之后，我发现她整个人的气场都变了。抱怨少了，幽默多了，心情渐渐开朗起来，身体也随之好转。

琴的这种转变是让人欣喜的。我们在日常生活中也经常能碰到。

抱怨这里疼那里疼的老太太，被邻居拉着一起跳广场舞之后，哪儿哪儿都好了，再也不找儿女吵架了。

喜欢盯梢丈夫的妻子自从开始学瑜伽并有了一帮志同道合的朋友后，变成丈夫经常发来问候："你去哪里了？"

…………

我们总说"有趣的人万里挑一"。何为有趣？可以说，没有爱好的人，一定是无趣的。

我们曾调研："双十一买得最值的东西是什么"，很多人的答案是瑜伽课、插花课……爱好，是给自己最值得的投资。

01 有爱好的人更容易感到幸福

心理学家曾经对某高校的 1700 多名学生进行兴趣爱好和心理健康的相关性测量。

结果显示，兴趣爱好广泛积极的人的心理健康状况，显著优于缺乏兴趣爱好的人。缺乏兴趣爱好的人在强迫症、抑郁症和人际关系方面的症状表现严重程度达中度以上。

那些有自己爱好的人，能自我疗愈，提升自我满意度。尤其是运动、文学、艺术、棋艺、音乐等，能够安抚人被生活磨平的内心，让内心重新回归柔软、韧性。

这一点在咨询中的表现更明显。

我有一位来访者，每天围着孩子转，不会打扮自己，不喜欢运动，没有闺蜜，当她的婚姻危机出现时，她陷入了巨大的痛苦中。

后来，她在我的建议下爱上了插花，她说："只有在插花的时候，我感觉到特别宁静，外界那些事对我也形不成干扰。"

很多时候就是这样，那些世界封闭狭窄，几乎把伴侣和孩子视为全部的人，一旦培养起新的兴趣爱好，整个人会发生令人惊讶的蜕变，而与之伴随的，他之前所在意的事情对他的影响力也渐渐变得微不足道。

如果能用爱好丰富起自己的生活，我们就会更容易获得幸福的心境。

02 有爱好的人，是很难垮掉的

知乎上有个女士，曾经因为生育后找不到合适的工作而陷入中年危机，每天都闷闷不乐。

在朋友的支持下，她报了班开始学习跳爵士舞。慢慢地，她发现在跳舞的同时，自己的很多情绪可以宣泄出来，而且自己也越来越能通过舞姿来表达自己，看到自己的价值。

她变得越来越自在，放下了心中的焦虑，更踏实地做了职业规划，找到了好的工作。

她说："是这个爱好或许改变了我的人生，让我的生活展开了色彩斑斓的一面。如果我没有去学跳舞，现在的自己不知道该有多颓废。"

爱好，会丰富你的生活，让你眼界更开阔，你会明白每个人在各种各样的角色里，都有各自的价值。生活，也同样是多元多彩的，一切都充满了可能性。

印度电影《102岁仍未老》中，102岁的爸爸达特利要送75岁的儿子巴布去养老院，原因在于他认为儿子处处讲究养生，活得恐惧而无趣，没有自己的兴趣爱好。

为了要活得长久，不跟这种心已经衰老的人在一起，他执意要把儿子送去养老院。

儿子在爸爸的威胁之下，只好听从他的要求，给死去的妻子写情书，剪碎自己用了60年的毯子，去孟买旅游，精心照料君子兰，期待它开花。

奇迹真的如爸爸所期待的那样发生了，儿子找到了久违的快乐，找回了自己迷失的那颗童心。

他迫不及待地和别人分享君子兰开花的喜悦和惊奇，有了自己新的爱好后，不再死气沉沉。

拥有一项爱好的人，是很难被生活击垮的。

试想一下——

当你看到了自己期待已久的画展，你可能就忘记了刚刚被不相干的路人冒犯。

当你亲手做的手工作品得到孩子们一致的喜欢，你可能就不再计较刚和丈夫因为小事闹矛盾。

当你回家后，用新鲜的食材为自己做一顿晚饭，你可能就会忘记上班的疲惫。

…………

所以，要想让自己更强大自信，不妨找到自己爱做的事。这件事一定会带给你比旁人更强的自愈能力。

03 有爱好的人都有这样的状态

有的人会问：什么才是一个人的爱好？我没有什么爱好，怎么办？

其实所谓爱好，就是你做这件事时感到发自内心的喜悦，这种爱好并不一定能够给你带来什么直接的回报，仅仅因为喜欢，就好。

如果你不知道自己的爱好是什么，可以尽可能地多尝试一些事，然后留意哪些事情能给自己带来这两种状态：

（1）爱好，是在一种无功利心状态下做事

不知道大家是否关注过孩子，他们做一件事的时候，判断标准经常是："这个东西好玩吗？有趣吗？我想要做吗？"而不会是大人的："我做得成功吗？"这种区别之下，他们的尝试往往更勇敢，也乐趣横生。

我们也需要学习孩子的这种精神，可以回到童年去找寻那些曾经被遗忘的闪光点。找到感兴趣的事情，享受其间。毕竟爱好不见得是什么大的技能，做饭，养花，爱吃，都算。

汪曾祺大学时遭遇失恋，伤心到两天两夜没有起床。好友

担心他，带了一本字典去找他一起吃饭。

他们到大街上，各吃了一碗一角三分钱的米线，汪曾祺很快释怀了。

吃，就是汪曾祺的一大爱好。他还写了不少关于吃的散文，高邮鸭蛋、夏天的冰西瓜，在他笔下令人口舌生津。

他一生经历了多年战火，辗转各地，但他的文字中从来没有喧嚣和紧张，反而处处是一餐一事中的宁静和恬淡。

在他看来，写文不为名利，谈吃，是一种对生活的态度，折腾吃，才是有生之乐趣。

（2）爱好，是心无旁骛地享受其间

我经常听到有些人说觉得婚姻无聊，工作无聊。这些话，表面上听起来有道理，可认真观察你又会发现，这种人即便是没有婚姻，可以自由工作，还是很无趣。

为什么呢？

因为他的眼光始终是盯在别处的。哪怕他动手去做了，往往也是图个表面热闹而已，他的内在仍然感受不到平和与喜悦。

我们的爱好，不是用来装点朋友圈的，而是既喜欢又对身心有利的。

连眼前的一顿饭都不好好做、不好好吃的人，哪怕他的生活热热闹闹，考完一个证又考一个新的证，你也别相信他可以把生活过得多么幸福和诗意。

当你看见孩子们专心在搭乐高，饭都拒绝吃。

当你看见一个人为了木头上的纹路好看，打磨一遍又一遍，抬头时天色已晚。

当你看见老太太因为新买的舞蹈服，欢喜得像个孩子一样在那里试去试来。

…………

你就会知道什么是爱好，你的爱好在哪里。

我们小时候也曾喜欢画画，喜欢唱歌，喜欢弹琴……但大多数被"耽误学习"扼杀在摇篮里。终于现在长大了，我们才可以把时间和资源花在爱好上。

有句话说，"年岁有加，并非垂老，情趣丢失，方堕暮年"。愿我们大家到年老之时，仍是个爱好广泛、活力四射的人；一生，都有一份爱好相伴。

三、世界正在奖励"躺倒"的人

01 你想优秀吗

如果可以选择，你是想要紧绷的优秀，还是松弛的平庸？

哈佛学霸许吉如，选的是第一种。

在《奇葩说》中，她思维敏捷，一开始就势如破竹，成了队长。身边的朋友谈到许吉如，都是"学霸美女、别人家的孩子、光强得刺眼"。

没想到第一场团队赛，她就惨遭淘汰，真让人大跌眼镜。

要知道在这之前，他们全队的人，都有一个目标，就是帮许吉如拿到冠军。

可确实，许吉如表现得越来越让人失望。

输掉之后，罗振宇帮她争取到一个复活机会。显然，她没有料到自己会输，脑子几乎都蒙掉了，之后，再次输掉。

一次失败，就让她滑到谷底。

这似乎也是很多现代人的通病，自己给自己很大压力，输一次心态就崩了。

前不久，一个家境殷实的朋友带她女儿来咨询，她女儿一路走来都是学霸，聪明漂亮，但考入国外大学之后，一直有点抑郁。朋友很注重心理健康，知道女儿"出现了问题""压力太大"，所以很想找出原因。

咨询中我们发现，尽管朋友女儿一直表现优异，但她为了不让人失望，越来越有压力，环境不适应，语言有难度，她整夜睡不着。

听着她说这些，我挺心疼的，她真正需要的不过是，"要不然休息一会儿，不着急"。

02 我们的"包袱"从何而来

我们常说"别在意别人的眼光"，这话没错，但却不容易做到。

人是社会人，我们的感受不仅是自己的，也很容易受别人影响。

美国心理学家埃里克森提出的自我认同理论认为：

你知道自己是谁，并且对所认知的自己，抱有一种持续的、稳定的认同感。比方说，你一直认为自己是"善良的，合群的，负责的，优秀的"等。

同时，你在成长过程中，也会受别人影响，他人对你的评价被你内化的过程，叫作投射性认同。

优秀的人，总逃不掉"优秀、积极、正能量"这样的标签。当内部评价和外部评价都在说你优秀的时候，人的压力就比较大。

来访者明明是一家公司的品牌经理，不眠不休好几天，完成了一次大型活动，之后，她精疲力竭地来找我："差点把自己逼疯了，工作任务严重超标，我还逼着自己学了快闪。"

"为什么要这么逼自己呢？"

"我就是想在部门领导面前表现一下，不能毁了自己的口碑。"

优秀的人对自己要求高，别人对他的期待也高。

面对难以攻克的项目："我这么努力的人，怎么可以做到一半放弃呢？"

面对不合适的伴侣："我这种人怎么可能离婚呢？该多丢脸！"

可你忘记休息时，就算可以骗过全世界，但骗不了自己的身体。

越来越稀疏的头发、体检表上一个又一个异常的指标都在提醒我们：是时候调整了。

03 我们一起扔掉标签可好

不知道你们有没有一种感受：旅游时，周围都是陌生人，你往往会觉得自在。因为，没有人认识你，也没有人对你有任何标签。

要活得轻松一些，你可以尝试打碎身上的标签。

《奇葩说》中，李诞可以说就是许吉如的反面：节目上坐没坐相，口头禅是"人间不值得"，总没个正形。

可他下场辩论时，一张嘴，连对手都忍不住笑。在他的幽默面前，对方辩手建构起来的精致迅速消解。人们这才发现，原来他肚子里很有料。

李诞为什么受欢迎？他的身上有一种特别接地气的力量。

你能从他的身上，看到"躺倒"的"允许性"。不要扯什么高大上，我就要没皮没脸地活着。

活在别人的期待中，活在优秀的标签里，很累的。

看过李诞和许知远的对话：

许知远说，自己想成为那个崇高的人，就是那种可望而不可即，耸立在人群之上的样子。

李诞说，自己讨厌高高在上，一定会拿鸡蛋把他打下来。

李诞所说的拿鸡蛋打，又何尝不是打碎身上的标签呢？

你不要定义我，我不属于任何标签。不用"优秀、上进"框住自己，甚至承认自己的脆弱、无能，脸皮厚一点，人生会轻松一点。

另外，去标签的过程，也是一个更接近自己的过程。

去标签化，不是说你要放弃自己的人生追求。

对你渴望的东西，勇敢地去追；但对别人渴望你去追逐但自己不需要的东西，勇敢地拒绝。

台湾漫画家蔡志忠，是很擅长去标签的那种人。

他 5 岁开始画画，画了 200 本。在电视台 5 年，在漫画公司 7 年，拿过动画金马奖——总之所有的奖都得了。

36 岁，身家几百万，有三栋房子。他对自己说："这辈子赚的钱够我吃泡面了，从此，所有的时间都归我享用。"

你以为他只是漫画家？那就低估他了。他还是物理、数学、桥牌、动画、漫画、道家思想、禅宗思想的深度研究者。

他没有陷入主流的成功标准中，而是把那些标签扔掉，沉醉于自己喜欢的事情，不断地去突破，去享受。

他说，大部分人都不知道自己真正喜欢什么，随波逐流。每个人一定要先想通"我是鱼还是鸟"，就很清楚什么是我的天堂，什么是我的地狱。

英国哲学家亚伦·瓦兹（Alan Watts）说：快乐的秘密在于一句古语——成为你自己。

其实很多时候，你感到紧张、压力过大，背后原因是你偏离自己越来越远。

不妨，尝试着脸皮厚点，扔掉过去的那些框框，累了就允许自己躺倒，给自己喘息的机会。

四、怎么样找到心仪的伴侣

世界上没有比爱情更好的东西了。——王小波

前几天，在综艺《奇遇人生》中，超模刘雯被问道："你最糟糕的一次约会经历是什么？"

刘雯直接说："我觉得我不用回答这个问题，我没有男朋友，也从来没有谈过恋爱。"

她的这番话让朋友们十分惊讶。这么随和又有魅力的女生，怎么会连恋爱都没有谈过？

刘雯有多优秀自是不必多说，在世界范围内的超模里，无论是地位还是收入排名，她都拿过前三名。

面对自己的单身现状，她也只是坦然道："我一个人生活也很好，过得很开心。"

其实像刘雯这种优秀而单身且长期单身的人，真的不在少数。他们十八般武艺样样精通，唯独是恋爱绝缘体。

01 "爱一个人"变成了爱"一个人"

朋友木鱼今年年初的时候神神秘秘地跟我说,她有个宝贝来了家里。

我兴冲冲地跑到她家里去看,她拿出一块粉色的水晶:"知道吗?我请了一个大师专门帮我推荐的,今年就靠这个招桃花、吸引对的人了。"

前几天我忽然想起这件事,就问她进展如何,她垂头丧气地说:"眼看到年底了,今年看来还是没希望了。"

但是,这次她来真的了,正儿八经地开始自我剖析:"我的条件并不差,为什么就是没人来爱我呢?"

木鱼说得不错,她几乎符合人们通常所说的独立女性的所有标准:有独立住房,有稳定工作,颜值中上,性格还很随和开朗。

可是,她就是一直没正经谈过恋爱,搞得父母一度怀疑她的性取向。她的问题,是很多人的问题。

为什么有那么多优秀的人,嘴里说着想谈恋爱,但长年累月都是单身呢?

谈恋爱真的要靠运气吗?

桃花运到底是什么东西?

绝大多数的人,都有进入爱情的渴望,只不过在爱情这门学问面前,我们永远是个小学生。

而被动单身的人,往往是以下这两种小学生,说不定一直都毕不了业。

（1）"请不要靠近我"之独孤求败系

日剧《不能结婚的男人》中，男主角桑野信介是一个广受好评的室内设计师，但工作能力极强的他，性格却不太合群。

即使因为外表和能力很受女性欢迎，但真正交往之后，女性往往会因为他怪僻的性格而离开。

多次以后，他开始认为恋爱结婚根本没有必要，决定干脆贯彻独身主义。但实际上，他的内心是寂寞的。

他一个人把家里收拾得整整齐齐，脸上和口中一直表明"我不需要婚姻"。

像他这样的人，我们肯定不陌生。他们把自己的生活打理得很好，却慢慢忘记了怎么和别人亲密相处。

而他们有一个共有的特点——哪怕嘴上说着想谈恋爱，但一旦有人想靠近，就浑身透着清冷的"不要靠近我"的气息，更别说进一步发展。

遇到什么事情，第一反应就是用钱或者自己解决，不指望别人，害怕麻烦别人，一步步把自己活成了一个孤岛。

之前网上有一个问题叫"长期单身让你明白了什么？"，点赞最多的答案分别是：

①懒得重新认识一个人，感觉自己会孤独终老。

②一个人很轻松，但累的时候还是想要人陪。

③偶尔羡慕，长期清醒。

你看，独身主义者数量上升的背后，并非人类基本需求发生了什么变化，我们还是想要爱和陪伴。

是经济和技术的发展，忽然把我们送进了一个"看起来很热闹，实际却很孤独"的世界。

一个人生活总是很方便，这种方便给了我们一种错觉：我们不需要别人了，就这样一直到老好像也可以。就像刘雯说的："我一个人过得很好，也很开心。"

相反，亲密关系反而意味着"麻烦"。一个人简单惯了，自然就会拒绝麻烦，我们害怕麻烦别人，又害怕麻烦找上自己，渐渐地，只好陷在"独孤求败系"不能毕业。

（2）"别惹我，怕受伤"之遗世独立系

前不久上一个培训课的时候，我认识了一个漂亮的小姐姐。尽管追她的人从来没有少过，但她已经单身六七年了，问她为什么，她说："恋爱实在是太麻烦了，怕了。"

细细交谈后才知道，她有过比较复杂的情感经历，也经历了背叛和欺骗，这让她在很早的时候就对感情灰心失望。

一晃就单身六七年了，有人追她，可她一旦发现一点点不如意就退缩了。

我们在咨询中可以接触到大量有过情感创伤的人，对着我们问："这世界上真的有那么美好的爱情吗？我再也不敢相信了。"

每每听到这种话，我是十分理解的。

经历了伤痛，我们感到不安全，感到对异性缺乏信任感；当感情来临的时候，无法敞开怀抱，因为害怕失去，干脆连拥有都不想了。

经历过情感挫折而没有很好消化的人，即便是进入恋爱关系，也常常因为缺乏信任，对感情悲观，想控制对方，或者不能妥善地处理矛盾，而把好好的情感破坏掉。

他们想爱，最大的问题是不敢爱。

当然，除了上面这两种小学生，还有恋爱粗神经系、两性知识文盲系、强理论弱实践系等，这些人的桃花运也好不到哪里去。

02 桃花运到底怎么召唤

所以，桃花运到底是什么东西？归根到底，桃花运就是一种想要被爱的气息。

有的人说，我找不到合适的伴侣，当然是我不够优秀啊——真的未必，面包解决了，爱情还真不一定就会有。有的人不改变自己的气息，再优秀，也跟桃花无缘。

首先，要拥有被爱的气息，前提是你要有一颗相信爱情的心。

经常听到有人说："什么爱不爱的，过日子就是了。"我不想反驳，因为每个人对爱情的理解不同，体验也不同。

但我想说的是，在真正的爱情面前，那是生命与生命的深层次的碰撞，那是回归赤子心的信任和携手。一辈子能遇到这种爱情，是极大的幸运，比如王小波夫妇、黄永玉夫妇、钱锺书夫妇。

所以，在爱情来临之前，你也需要是一个有创造力和活力的人，并且无论你经历过什么，都始终相信一些人类基本美好的情感，比如爱、善良、天真等。

有些人羡慕别人总是不缺人爱，殊不知那样的人，即便身边换一个伴侣，仍然可能碰撞出很精彩的火花，因为，他本身就是一个有生命力、有活力的人。

你若心是敞开的，不回避，不防备，保留着对爱情的相信和赤子之心，两情相悦，一切水到渠成。

其次，你需要邀请爱情来到你的生命当中。

前不久遇见的姐妹，在进行严谨的自我剖析时发现，她之所以遇不到爱情，其根源在于，她对爱情心怀恐惧，根本就没有做好准备。

也就是她嘴上说着要恋爱，但她的心紧闭而封锁，根本不给自己机会。

想明白这些问题之后，她是有执行力的。首先，她在咨询师的帮助下对自己过往的情感关系进行了全面的复盘，找出自己需要学习的地方和需要击破的痛点。

有时候我们都佩服她的勇气，敢于把自己暴露出来。她说："我深刻地知道，一切问题的根本在我自己，所以，为了获得稳定的关系，当然要先拿自己开刀。"

她的做法是很值得推荐的。有些人不断遇到不良关系，大部分时间在责怪他人，可真正有智慧的人，却会经由这些关系去审视自己需要努力的部分，以求下一次爱情来临时，能把握得住。

你要邀请爱情来到你的生命当中，这个信念，就是召唤桃花必不可少的一环。

在行为上，表现为你需要把准备好的自己，暴露到合适的场合和环境中去。遇到合适的机会，千万别犹豫胆怯，勇敢地把自己暴露出去。

前几日，李银河老师分享道："爱情能够使生活变得有趣，像两个孩子玩一个玩不厌的游戏；爱情能够使生命变得纯粹，超脱于世俗的平庸琐碎之外。"

她和小波的往来情书，过了这么多年，读来仍然经常让人心潮澎湃，艳羡不已。确实是有一种如小波所说的"爱一回就够了，可以死了"之感。

我们都想要这样的爱情，想被爱，想毫无保留地爱别人。

想脱单的人，别封闭自己，祝福你。

五、灵魂拷问：我们只能爱"配得上"的人吗

01 "我总觉得我配不上爱情"

一向像个孩子般开心的莲子最近特别地沮丧，好像失魂落魄般，不知道怎么了。

细细问来方知，她无意中在一个企业家的圈子里认识了一名特别优秀的男士。

一开始她觉得他非常尊重女性，并且和他在一起天马行空地聊，特别有感觉。

最近，她应邀参加了一次他在家里举行的聚会。她看见他温文尔雅地照顾每一个到来的客人，在私家花园里跟大家聊着一些她听不懂的投资话题。他的确是闪耀的，那些看向他的目光，都让她感到一些不安。

"你喜欢他吗？"

"非常喜欢。"

"他喜欢你吗？"

"他跟我告白，说我是他见过最像孩子的人，只有和我待

在一起他才是他自己。"

我理解了她的担忧，她认为双方门不当户不对。他来自书香世家，从小就闪亮得如同天空中的星星，长大后又特别会赚钱，赢得了很好的社会地位。离婚了，他仍然深受女人们追捧。

而莲子觉得，她只不过是一个普通的离异单身妈妈而已。就算两情相悦，也不太可能修成正果。

曾经以为，门当户对很重要，所谓的"门户"代表着经济甚至是教育水平、三观等一系列的东西。但越长大反而越觉得，简单粗暴地用门当户对阻挡很多人相爱的步伐是没必要的。

对于具体的两个人而言，爱情不是大数据可以解决的。两个门当户对的人可能相爱，但也可能完全看不上眼。而并不门当户对的人却可能会被对方深深地吸引并相爱一生。

只要两情相悦，差距再大也是平等的两个主体，没有那么多不可以。

02 追求门当户对，你可能错过真心相爱的人

有人说，古人的门当户对说的是婚姻，跟爱情无关。

的确有一定的道理，但进入现代社会之后，我们是戴着"自由恋爱"的帽子进入婚姻的。

而父母和众人又时不时拿出"门当户对"来检视你的恋人，这两者经常是被牵扯在一起的，包括我们自己，或许也基于文

化和外界的压力主动地把我们与对方是否门当户对这件事放在心上去考量。

在这样的背景下，我们不少人很自然地做出了最安稳的选择，谈着看起来不错的恋爱，进入一段还 OK 的关系，然后在进入婚姻之后开始"相看两厌"，用出轨、背叛去伤害彼此和家庭。或许回到最初来看，很多人只不过选择了一个门当户对但未必多么爱恋的一个人。

为什么说外在条件差异大的人仍然有可能过得幸福呢？

首先，有时候成长背景迥异所带来的差异反而成为吸引我们的最大因素。

著名心理学家荣格认为每个人都具有"显性"与"隐性"（影子）两种不同的人格。也就是说，一个很活泼的人实际潜藏着抑郁的一面；而一个很安静的人也可能变得躁动不安。

因此，当遇见一个有我们"影子性格"的人时，我们内心会涌起兴奋的愉悦感，因为对方体现出我们所缺乏或压抑着的特质。

这一点在很多人身上被印证。

哈里王子和梅根开始恋爱的时候，媒体不遗余力地挖掘梅根过去的生活：成长于贫民窟，父母普通且有着备受指责的单亲妈妈。

与出身皇室的哈里王子相比，梅根的出身和经历的确是看起来并不那么占优势。公众和媒体都不看好这段爱恋，不过，他们二人并没有受到影响，顺利完婚后梅根还继续按照她的心意在活着。

梅根不卑不亢地说："我们就和所有普通的情侣一样，只不过他刚好是王子而已，我还是那个我，不会因为我的恋情就要被重新定义。"

当居心不良的媒体一波接一波地挖她的"黑料"，她有底气和自信回击："我根本没有看新闻，我身边的人知道我是怎样的人，他（哈里王子）也知道，其他的声音对我来说全都是噪声。"

当你看到梅根这么说的时候，其实已经在某种程度上理解了哈里王子为什么会爱上这个闪闪发光的姑娘。

平民与王室的联姻，本就不易，加上梅根身上的种种标签，更成为他们无法相配的理由。但这有什么关系呢？梅根身上崇尚的公平与自由，正是哈里王子在皇室生活里很难体验到的。

另外一面，我们对于一个人原生家庭里父母相处的模式、经济能力、家境等的考量，是合理的，也是正常的需求，但这一切，很可能在真正的爱情面前被忘却。

艺术大师黄永玉是一个特别有趣的人，有人称赞他是一部活着的中国近现代史文化，一个现实版的周伯通，一个有趣的灵魂。

可在黄永玉自己看来，他最棒的头衔是他初恋女友张梅溪小姐 75 年的丈夫。

当初黄永玉和张梅溪相爱的时候，她是富家千金，彼时还有门当户对的优秀军官在追求她。他在外人眼中是难成大器的普通人，为了阻止二人相爱，芳心暗许的恋人被关起来了，但最终还是逃了出来，嫁给了他，并度过有趣而恩爱的一生。

看过那些差距大却很恩爱的夫妻，或许你不难知道，配不配谁说了算？当然是关系里的那两个人。越是在相爱之初简单纯粹一些，顺应自己内心的声音，抛开那些"门当户对"的声音，找到真心爱慕之人的概率越高。

03 以平等的视角、祝福的心态去爱

如果你拥有更高的视角，你或许会明白，从灵魂层面来说，相爱的双方是平等的。只要是基于自由意志的结合，其他人是没有权力干涉的。

每一段真心的爱恋都值得被祝福，哪怕双方差距很大。

有的人可能会提出疑问，我碰见条件好的人就自信心不足、发怵怎么办呢？

不知道大家是否还记得地震中失去双腿和女儿的汶川舞蹈老师廖智，她的现任丈夫看起来跟她很不一样：出生在中国台湾、成长于美国、毕业于美国杜克大学和西北大学的学霸。这两个在普通人眼中看起来差距大的人不仅相爱且孕育了几个孩子，还把日子过得特别温馨。

大家都劝她随便找个人嫁，只要有人要她就好了。"他们希望我有个依靠，希望有人照顾我，但我不是想找个人来照顾，

我是想找一个平等的人共同生活，我不希望过于依赖一个人，我也不希望对方把我当成受害者，当作一个可怜的对象。"

她并不把自己摆在受害者、可怜的人这种位置上，事实上她的心一直也没有这么定义过自己。

所以她才会克服重重困难，哪怕失去双腿也开始跳舞，开始想办法赚钱养家、做灾后重建志愿者。哪怕经历过冷眼、讽刺、不理解甚至是被骗走全部财产，她眼中的那份善意和坚强也从未改变过。

她的平等意识，终于让她遇到了十分尊重她的丈夫。在丈夫查尔斯（Charles）的协助下，她甚至可以利用假肢跑马拉松、攀岩、打球、游泳……日子过得比很多健康人还要丰富和有勇气。

廖智的可贵，不仅在于她那从不放弃的心态，也在于她从信念到行动，都认为自己和别人只有不同，但没有高下之分。而她期待的情感，也不是同情和将就，是平等的对望与携手。

这点，恰恰是我们最值得提醒自己的一点。

有人说，这个时代里真正的爱情难找。是啊，当我们还没有跟一个人缔结很深的关系时，就先把对方放在条件的秤上掂量几分，你就有极大可能错过那个有趣的灵魂。

要知道——

李银河和王小波相爱的时候，李银河是党报编辑，王小波还是个吃了上顿没下顿的穷小子。但他们恩爱了一路。

三毛和荷西交往的时候，荷西只是一个普通的矿厂工人，但他却愿意支持爱人的梦想，在沙漠里筑起一个家，尽最大可能满足三毛的浪漫。

最后，把廖智写给丈夫的一段话送给大家，让大家感受那份爱。

> 我喜欢在等你出差回家的日子，
>
> 早早哄孩子们入睡，
>
> 然后把家收拾得整整齐齐，
>
> 将你的拖鞋摆放在最容易上脚的位置，
>
> 放一束花在桌上，扎一个气球在门口，
>
> 让屋子里留一点点清新的香味，
>
> 门口的灯让它静静地亮着。
>
> ············
>
> 照顾好自己，这也是我们相爱的方式。
>
> 只愿家门口那束花，
>
> 有让你瞬间遗忘外面世界压力的美丽。
>
> 晚安，我爱你。

六、"早知如此，当初我就不该生你！"
——中国式"不好好说话"，可以杀人

今天的午饭是一向不下厨的小美做的，为了让母亲休息，她做完饭等孩子吃完，顺手把碗都洗好了，又清理了灶台和地面。

过了一会儿，小美的母亲走进厨房，看到了一个锅盖放在旁边没有洗，直接来了一句："这是人收拾的吗？"

小美立刻原地爆炸，不甘示弱地说："你就只会挑刺吗？"这几乎是她们母女生活的日常——

孩子调皮捣蛋，不爱学习，母亲说："猪狗不如，打死了算了！"

小美试穿新买的裙子，母亲在一旁说："年纪一大把了，装什么嫩？"

句句致命，刀刀杀人不见血，这就是小美对母亲语言风格的形容。你说母亲对小美不好，也不是，她掏心掏肺地支持女儿，几乎没有自己，但就是不能够好好说话。

其实，我们的生活里，有太多"小美"，有太多被言语伤害过的人。

01 "你说的话，成了我心里的伤"

前不久的一项调查显示，"不好好说话"成了中国家庭的日常顽疾。通过对 600 多份样本的分析我们发现：不好好说话的高发区，集中在亲密关系、家庭单元内。越是亲近的人，越不爱好好说话。

比较常见的：

①习惯性反问："自己不会看吗？""这样行不行心里没点数吗？"

②习惯性比较："你看看人家，像你吗？""我小时候要是像你这样，早被打死了。"

③习惯性指责打击："你为什么总是……""废话！"

④习惯性辱骂："我看你除了吃什么都不会。""害人精。"

⑤习惯性讽刺："你这个样子，还是算了吧。""你能做成什么事？"

…………

很多人对于身体上的暴力有所察觉，但却对语言暴力的危害意识不足。

通常来说，所谓语言暴力，就是使用谩骂、诋毁、蔑视、嘲笑等侮辱歧视性的语言，致使他人在精神上和心理上遭到侵犯和损害，属精神伤害的范畴。

即便是没有到达语言暴力的程度，那种不好好说话的态度，也能戗死人。

家原本是我们汲取能量、仗剑走天涯的休息站，却往往因为在言语中得不到尊重和理解，变成了扎心、想逃离的空间。

02 为什么我们不能好好说话

明明家人之间是相互关心的，甚至是关心都快爆棚了，可话到了嘴边，却演变成一句责骂，这到底是为什么呢？

（1）有样学样之——习得

巧儿成长于一个父母说话都很注意的家庭，一家人相处和睦。结婚以后，巧儿经常被丈夫的话噎个半死。

给丈夫倾诉工作上上司的欺压，丈夫说："这有什么好说的！你自己弱——"

让丈夫拿个东西，丈夫不情愿地说："就知道使唤我。"

一开始巧儿不知道为什么，明明丈夫对自己挺好，人也勤快，怎么说起话来简直能把人气出毛病？后来婆婆来帮她们带孩子，她渐渐发现了，婆婆说话，一样非常难听。

"妈妈，宝宝的洗澡巾在哪里？"

"没看见！"

"我看您先前拿过呀。"

"你不会自己找吗？难道我偷了不成？"

她发现无论是丈夫还是婆婆，说话都非常喜欢反问别人，一下子把人说话的欲望堵回去了。

父母说话的方式、语气，经过日常的浸润，一点一滴地印在了孩子们的心中。

长大之后，在工作等公共社交场合，人们能够维持基本的礼仪和分寸，对他人展现出有礼貌、讲文明的一面。可一旦退到家庭单元的时候，就常常忘记了界限和分寸，原有的说话模式就会无意识地涌出来。

（2）不会合理表达情绪之——发泄

还有一种不好好说话，其实是有意识的，常见于话里有话，通过不好好说话来表达潜在的情绪。

我们常常听到人说："我这人没什么，就是心直口快。"

言下之意，我没有恶意，只是不会说话。

真的吗？心直口快真的那么值得原谅吗？

只顾自己爽，不顾他人感受的语言，意味着说话者缺乏同理心，在有效沟通上的无能。

好好说话对一个人有什么要求？一是下意识地组织语言，注意分寸；二是具有很好的同理心，会考虑对方的感受。

但不好好说话的人，根本不考虑那么多，只图口快，甚至有时候杀伤力越重，说话的人感觉越爽。

这背后藏着的逻辑是，你在某些事情上让我不爽，我找不到正确的方法，就通过正话反说、讽刺挖苦，甚至是打击侮辱来刺激你，引起你注意。

情绪的合理化表达是被鼓励的，但是很多人缺乏这种能力，让亲近的人之间的对话，演变成了一场毫无底线的负面语言大战。

天长日久，经常受到语言打击的人，会慢慢地关闭沟通的大门。

（3）内在力量弱小之——转移

"您知道吗？我丈夫每次批评我奶瓶没洗干净、饭做得不好吃的时候，我是心惊胆战的，总会想起我小时候做错事被妈妈骂的样子。"

来访者蓉蓉刚来咨询的时候，是那种自信心极度缺乏的人，她从小就因为自己是女孩而不断被母亲贬损，结婚后又不断被挑剔的丈夫批评。

她一度以为自己真的是他们口中一无是处的人，通过咨询和学习才知道，原来，攻击她的人，只不过是自己对自己缺乏认可。

母亲在家族中没有地位，并不认可自己的女性身份，处处把生活的不如意转嫁到女儿身上。而自卑的丈夫，因为在工作中失意，转而欺负看起来气场更弱的她。

面对这种人，内在力量强的，会使尽全身力气吼回去；内在力量弱的，就会被压抑得胆小怕事，认为自己哪里都不好。

03 越是亲密的人，越需要好好说话

有些人认为，能好好说话的人，不过是情商高，然而情商高的背后，展现的是一个人极强的共情能力、内在的稳定与平和，以及良好的修养。

（1）培养共情能力

心理学家罗杰斯（Carl Rogers）曾对共情做出定义：共情是理解另一个人在这个世界上的经历，就好像你是那个人一般。共情还意味着让你所共情的人知道你理解了他。

也就是说，说话的人不仅理解了对方，而且让对方感觉他理解了对方。通常来说，这些原则是必不可少的：

①耐心倾听。

②不评判 / 不评价。

③尽量少说："你不要 / 不应该……，你要 / 应该……"

但是，培养共情能力最关键的并不是我们表达的方式方法和技能经验，也不是我们理解 / 推测 / 分析对方的想法和感受的能力，而是我们能够站在他人的角度去思考并理解他人。

娱乐圈里，袁弘和张歆艺是让人羡慕的夫妻。上综艺节目的时候，张歆艺还是哺乳期的妈妈，观众们批评她身材走样，妻子心情受到影响，丈夫袁弘力挺妻子："别搭理他们，你是为母亲这个角色在付出，你是最好的妈妈。"

可想而知，当妻子听到这种话的时候，内心有多么安慰。

正因为感受到妻子生孩子、涨奶、哺乳所遭的罪，他真正地理解和心疼妻子，才会在节目中一次又一次地让妻子感觉暖心。

对比一些丈夫对患有产后抑郁的妻子所说的"生个小孩怎么就这么脆弱了，别人不都生了孩子吗？"，高下之分立见。

很多时候我们不是怕苦，是怕苦过之后，还要被人挑剔指责，得不到半点理解。

（2）学习和训练

如果你来自一个说话不好听的家庭，也别着急，我们借助伴侣或者孩子去学习和训练，也能成为"不好好说话"的终结者。

在心理咨询中，我们常用的一个很有效的方法是写自己的情绪觉察日记，一般包括事件、当时的感受、当时的行为或者语言、此时的感受或理解、有没有更好的表达方式或行为。

记录的目的，不是为了批评自己，而是有意识地观察自己起心动念的一个过程，找到自己在情绪中的反应模式，从而通过反复地复盘去训练自己觉察的习惯，从而达到改变自己顽固模式的目的。

不少的来访者都会用"脾气不好"形容自己，但是当他们学会了自我觉察，并懂得把事件和情绪分开，看清楚自己的真正需求并予以正确表达的时候，他们会发现，真的可以在不破坏关系的情形下表达出自己的需求，并得到伴侣积极的回应。

（3）肯定自我，力求内在的平衡和稳定

我们不能忽视的另外一点在于，好好说话的人，往往内在已经找到了比较稳固的平衡，懂得理解支持自己，对己对人都比较宽容。

当我们发现自己在这方面有不足的时候，需要更多地向内挖掘，学会对自己的人生更好地负责。

爱上自己，是一条充满挑战，却和幸福密切相关的根本道路。

我们需要明白，只有越来越喜欢自己，爱充溢了，才有多余的力气来照顾其他人的情绪，好好说话。

七、"我们每天说的话不超过 5 句"
——夫妻间无话可说怎么办

"你们和老公还有话说吗？"

闺蜜小聚，爽爽的一个问题忽然让大家的欢声笑语停顿了下来。

她的问题大家都心知肚明，觉得婚姻走到深处，每天和老公的交流仅限于日常琐碎了。

"孩子作业做完了吗？"

"你今天回来吃饭吗？"

…………

觉得稀松平常，但也隐隐约约有些不安。想不明白为什么曾经有那么多话可以说的两个人怎么就变成了"无语凝噎"。

幸知平台曾经推出过《中国式夫妻失语症，触目惊心》引起强烈共鸣。是什么让我们疏于彼此沟通，又是什么让我们对待身边人像"左手摸右手"一样的无感。

大部分婚姻真的是如此吗？趁着兴致浓，索性采访了几对夫妻，一些来自朋友，一些来自夫妻咨询案例。我们渴望以平实的记录去启发自己找到破解这一困局的方法。

❂ A. 丈夫：国企二把手；妻子：全职太太；关键词：讲道理、逃

他：我和妻子属于白手起家的，我们俩文化程度都不高，但是都很勤奋努力。因为没有老人帮忙，她很早就从干得很不错的工作岗位上退下来了，全心照顾家庭。这些年她的生活都是围绕我和两个孩子的。像我这种没有背景的人，在公司里能做到今天这样的位置，如果没有她，是不可想象的。

之前我会把生活工作的方方面面都和她交流，她也很依赖我。可最近几年，我真的很怕和她说话。

随着我工作的进步，她好像越来越不自信了。每次跟我说话，都在明里暗里提示我要守身如玉，以家庭为重。她有的时候在网上看一些婚姻方面的文章，就会发给我让我学习。公司里哪个女人跟我接触多，她都要旁敲侧击。这些都让我很厌烦。于是，我在外应酬时间越来越多了，除了孩子的事情外，基本不和她说太多话。

她：他总是说我管他太多了，限制他在外应酬。他说男人在外压力很大，需要放松，怎么可能不应酬，叫我不要给他打电话，不然是没面子的事情。可是，他一周几乎只在家吃一两顿饭，他说他累，但我不累吗？六年来我只逛过两次商场，我不需要休息吗？我不管和他说什么，他都当作没听见，我行我素。我们之间交流越来越少，真的很窝火。有时候甚至想什么都不

要地离开这个家。

✿ B.丈夫：公务员；妻子：行政职员；关键词：懒、敷衍

他：我的工作属于压力比较大的类型，上班的时候需要极其耐心地说很多话，并且要承接大量的负面情绪。加上经常到基层去检查，身心都比较累。下班之后，我其实只想打打游戏躺一躺，但她总是希望我和她多说说话。我知道她的需求是合理的，但是说实话，我真的很懒，那个时候就想"葛优躺"。

她：我一点都不相信他所说的只是因为工作累的原因。我看了他手机，他和同事谈笑风生，活泼得很，可一旦跟我说话，就变得敷衍。连一起出去陪孩子玩，他都显得不耐烦。如果是他一个人出去和朋友们玩，他就会很开心。我的诉求很简单，就是一家三口每天能一起互动，聊聊天。出去散步的时候看到别人家的这种场景，我都很羡慕。对了，我的丈夫去年出轨了，把所有好听的话都说给了别人。这件事深深伤害了我，我觉得他不是没话可说，只是和我无话可说。

✿ C.丈夫：项目经理；妻子：财务工作者；关键词：冷、怕

他：我和太太一直是异地的，她和我妈妈住在一起，带两个孩子生活，我在外地工作。周末我会回去。前几年，我是很想回家的，因为在外非常孤独。但当我适应了一个人在外的生

活后，说实话，我根本就不想回去了。我母亲和太太都是喜欢把情绪写在脸上的人，这让我感到害怕。她们抱怨批评我的时候，我基本都是保持沉默。我知道好像不太好，但是也不知道怎么办，只能是少回家。

她：我真的实在是受够了。我要的只是一家人和和睦睦，聊聊天而已，可是他基本都是沉默寡言，不说话，对孩子也没什么耐心。因为这种冷漠，我提出离婚，他连离婚协议都签了，可是就是不肯跟我说话。我之前努力表达我的感受，我说我在这样的婚姻中很委屈很郁闷，他貌似都没接收到一样，一直就是冷暴力对待。如果真的离婚，我又舍不得孩子，我真的不知道怎么办了。

无话可说，是因为我们选错了人吗？

如果是离不了，又忍受不了冷冷清清的婚内孤独，还有救吗？

我们也采访了不少恩爱夫妻，他们分享了不少好的经验给大家。

（1）弄懂对方爱的语言

有的夫妻会纠结于对方和自己交流的频率，然而，我们需要接受的一个事实在于：夫妻相处时间久了，话变少本身也是一件正常的事情，并不一定意味着感情变淡了。

过去的十八般恋情和陈谷子烂芝麻的事，经过多年的反复诉说，无须再用言语表达。老夫老妻之间，一个眼神就往往知道对方在想什么了，根本不需要动口。

我们常常有个误区，以为沟通就是语言上的。其实不然，爱的语言是丰富的，包括肯定的语言、肢体接触、为对方服务的行动、陪伴的时刻、赠送礼物等。与其刻意地去和对方说话，或者提供对方并不需要的爱，倒不如弄懂伴侣最需要的爱的语言是什么，投其所好。

比方说 A 夫妻的妻子特别喜欢丈夫的礼物，但丈夫一直不注重仪式感，虽然把钱给妻子，但从不给妻子买什么礼物。经过调整，丈夫开始改变自己的做法，在重要节日里给妻子买礼物，他惊奇地发现妻子不怎么对自己进行说教了，他也更愿意减少应酬回家了。

（2）制度性建立双方沟通机制，注重细节分享

童年的时候，我们一家人经常坐在院子里吃西瓜聊天，一家人都非常专注地听对方说话，这成为我童年里爱的滋养的重要部分。

夫妻之间也是如此，如果能在一天之中的某个时刻，确保双方心无旁骛地进行沟通和交流，哪怕只有十分钟，也足够拉近彼此的距离了。

很多情侣之间无话可说的原因很大程度上在于彼此缺乏细节的分享。而细节的分享，往往让我们有一种身临其境和感同身受的感觉。只有双方愿意倾听，并且注重互动和分享细节，

对方才有继续交流下去的欲望，碰撞往往在此处产生。

当妻子在镜子前试衣服并问丈夫："好看吗？"丈夫不是简单地说"好看"，而是说"你穿这件能够把你身上的那种古典气质衬托出来"，妻子该是多么欢欣。丈夫向妻子诉说被上司批评了，妻子如果能继续追问"他怎么说的，当时你应该很生气吧？"，丈夫会觉得多么具有倾诉的欲望。

很多时候不是没有话题，是我们自己丧失了感同身受的能力或兴趣。

（3）为自己和婚姻注入新的体验

通过多年咨询工作我们发现，很多人对婚姻和伴侣的厌倦只是一个表象，深层次的原因在于对生活和整个人生感到精疲力竭，没有动力。通常来说，那些对生活比较热爱、成长意愿都比较足的伴侣，更容易感受到生活的新意。

经过咨询之后，B夫妻中的妻子去学习了瑜伽，并从中感受到了跟自己身体对话的一种奇妙感受。见到丈夫的时候，她兴奋地进行了分享，丈夫也感到妻子的活力和热情。而丈夫新获得了一个木工技能，为妻子做了一双筷子作为礼物，可想而知妻子的高兴劲儿。

在他们过去的婚姻中，彼此总像吃不饱的孩子去要伴侣提供爱，伴侣就会累，也有可能会逃跑。而当他们把目光放回自己身上，以第一责任人照顾好自己的情绪和生活的时候，婚姻中的个体开始鲜活，家庭内的气氛就会开始鲜活，原本如一潭死水的婚姻生活往往就会开始发生变化。

当然，如果你以上道理都明白，可就是感觉自己"懒"，那还是要提醒你一句：你的 Ta 并不天然属于你，也不会永远属于你，上点心哦。

CHAPTER 3

我了解自己吗

拥有的越多，为什么反而越焦虑

一、拥有的越来越多，为什么反而觉得穷

01 我们因何而"穷"

前几天和朋友一起吃饭，她一改往日喜欢找精致餐厅的习惯，拉着我去了一个正在推出优惠套餐的地方，看我疑惑，她说："现在经济形势不好，到处都在提醒我还账，咱还是节省一点。"我哑然失笑。

"你说为啥人一无所有的时候反而那么轻松愉快，现在我们好歹也算是拥有了一些东西，但怎么觉得反而变得焦虑而有压力呢？"

我知道她说的是什么。

高额的房贷、每个月需要还的信用卡账单、无法远离的孩子教育问题的焦虑、不敢生病的现实……一切都如一根根针一样，扎在我们的背部，稍稍想懈怠一下，就觉得有点疼。

大多数人都觉得工作压力很大，却无法理直气壮地对老板说"不"，而是通过透支自己的时间和健康来工作，多赚点钱，以求增加一点安全感。

席间，我们不约而同地回忆起了大学时代那段穷快活的日子。

当时因为在北京实习，作为外地学生，没有地方住宿，只

好租了半地下室的一间床位，白天在报社实习，晚上回到宿舍里跟天南海北的北漂一族侃大山。

兜里穷，舍不得买太贵的东西吃，在报社跟人说话的时候忽然出现了低血糖的症状。

可那样的日子回忆起来鲜明而生动，不仅没觉得苦，反而觉得有一种傻乐的感觉。

我们一边奋斗一边发现，我们的富足感往往并不跟金钱的存储成正比。

回头望望物质比较贫乏的学生时代，反而觉得那时的自己更富足愉快。

仔细想来，可能这里面往往被我们忽视的是，我们把有形的缺钱缺物当作贫穷，却常常忘记了穷并不单单指物质的匮乏，相反，它更多代表着一种状态。

正如詹青云在《奇葩说》中所提到的那样："穷就是这样的一种感觉，它是一种对于未来的不确定和一种窘迫感、一种紧张感。"

02 为什么财富无法治愈"穷"

客观来说，我们和父辈们相比，大多数人受过教育，拥有更好的物质条件。

至少有房子住，有稳定的甚至可以选择的工作机会，只要你勤奋努力，大部分人都可以有不错的生活条件。

但与之而来的压力、窘迫感，却伴随着大多数人。

为什么拥有的越来越多，却依然觉得自己很穷？

一方面，这和我们内在的匮乏感依然较重有关。

前不久，我一位在富人圈工作的朋友给我发了一大段感慨。

她接触的人，资产过亿是起点。在穿着得体、高大上的正式会议结束之后，她发现大家去吃饭的时候，争先恐后，挤得非常厉害，还有人因为抢着拿菜把食物弄到别人身上去了。

她一再感叹，富有了，但还是处于饥荒年代的感觉。

"内心的匮乏感并不是有财富就能够解决的。"

她的感叹并不罕见。

你经常可以看到一个开好车的人为了一点点停车费跟保安吵个不停，拿椅子凳子占住临时车位仅仅为了满足自己的需要，看着别人的孩子比自己孩子进步得快就冲孩子发泄情绪。

其实，这些都是匮乏感较重，也就是我们所说的"穷"的状态：对未来感到不安，拥有再多也缺乏安全感，总是怕自己吃亏，总想"占小便宜"，等等。

我们匮乏感的来源，既和自身经历和环境有关，也和精神层面曾经遭受过"被掠夺，不被满足"等情况有关。

具体到每个个体的原因并不相同，但这种匮乏感很容易影响到我们生活的方方面面。

赚再多的钱都没有安全感，对未来的生活怀有很大的恐惧感和不确定感。

而反观我们年少时分，因为在物质层面还有许许多多个心愿，对人生也充满着希望，从内心感觉自己的人生才刚刚展开，哪里有空去纠结，更多地会满足于饿肚子之后眼前的"一盘热腾腾的炒面"，存了几个月零花钱获得的"充满着粉红色梦想的包包"。

那时的我们，是贫穷的，但也是富足的。

另外一方面，我们实在是太擅长 PK 了。

无论是家庭还是学校的教育以及步入社会之后的工作环境，我们都太强调竞争了。

前几天，我一边在微信群里收老师发在班级群的信息，一边在看工作群里各种大大小小的信息。看着差不多的口气和内容，我忽然有一种错觉：别看我们长大了，甚至可以对外号称自己是中年人了，但我们过着跟小学生差不多的 PK 生活。

到处都是考核、排名，加上自身有的经济压力，有一种力量挥动着鞭子在促使大家拼命往前奔跑。跑得慢了，都觉得对不起自己和家人。

中国健康促进与教育协会发布数据显示，中国大约有 2.5 亿人脱发，主要年龄在 20～40 岁之间，发展最快的是 30 岁左右，比上一代人早 20 年。可见大家面临的压力不一般。

再加上人总喜欢在内心和同学朋友去比较各自的生活状态，心里更容易感受到紧张和压力，对自我的评价和认可度都会变得不够客观。

就是在这种奔跑和比较中，往往容易丢失物质匮乏的时代所拥有的自由、年轻、充满希望的心、活力等更为珍贵的东西，所以，我们会感觉到不自由，依然觉得自己很穷。

03 关注内心，做精神上的富足者

如果你在内心觉得自己正处于窘迫、紧绷的状态，或许值得对自己来一次全方位的大扫描。你可以多问问自己这些问题——

①我拥有哪些东西？（包括有形的和无形的，特别是健康、爱自己的家人和朋友、可爱的宠物等。）（看见）

②在我想拥有的东西中哪些是我真心渴望拥有的，哪些是出于他人或者"面子"的需要而渴望拥有的？（清理）

③我是否发自内心地对我所拥有的和失去的一切表达过谢意和尊敬？（感恩）

当你对自己的生活认真进行梳理的时候，就不难发现，我们一方面对自己所拥有的东西觉得理所当然，熟视无睹，另一方面却耿耿于怀自己所失去的，或不曾拥有的东西。

更重要的是，我们也在被主流、被他人所定义的成功所裹胁，不断地给自己压力，让自己一再感到窘迫。

适当的盘点和清理，可以让我们丢弃那些并不属于自己的欲望，把更多的心力投入到想做的事、想实现的人生经历当中去。

另一方面，我们在努力奋斗的同时，也需要认真关注自身的状态，去做适度的调整。

物质上窘迫的日子可以依靠努力奋斗来改善，而窘迫的心境却值得更多地关注。

姜思达的节目《仅仅三天可见》中，邀请了知名编剧于正来做访谈。

于正谈到自己在不出名之前，过着比较窘迫的日子，解决经济和精神上的紧张感，都是靠拼命地工作。只要是心情低落了，不高兴了，都全部靠拼命工作来解决，吃了很多的苦。后来，当《宫》出名之后，他的经济条件有了很大的改善。

"但我仍然把自己弄在一个很不舒服的状态。"他住便宜的招待所、坐经济舱、赶火车以节省费用，仍然不敢让自己舒服。

直到某一天他忽然醒悟了："现在舒服一点也可以做得更好。"

放松一点，这样更有利于自己的工作。从那以后，他买了房子，调整了对待自己的方式，渐渐迎来一种更放松的状态，在这种状态下，不断推出了更多的优秀作品。

人的一生中，或早或晚都会经历一些经济或者是精神上紧张、窘迫的日子。在这样的日子里，除了认真工作，提升自我，寻找出路，或许我们也需要多关注自己的内心。

既需要满怀希望，认真生活，也需要用自己喜欢的方式，调整身心的健康，张弛有度。

愿我们奋力奔走的时候，也不忘记初心的单纯和自由。

二、各玩各的，也可以拥有幸福婚姻

宣萱是朋友们眼中的成功女性，长得好看，收入也很可观；丈夫帅气多金，也很顾家。她的婚姻在外人看来很完美。

可是有一个问题困扰宣萱很久。

丈夫一个星期要出去踢两三次球或钓鱼，经常不在家，而她喜欢宅在家里，忙完事情之后追剧。

虽然丈夫也答应她好好陪她看片子，但每次看着看着他就睡着了，这让她很恼火，觉得丈夫一点耐心都没有。

宣萱很苦恼，她喜欢黏着丈夫，觉得丈夫长得帅，对他一点也不放心；而丈夫因为工作压力大，有时候对她的黏人感到很烦躁，两个人一度因为一个黏人、一个喜欢自由而闹到要离婚的地步。

对于宣萱而言，想给对方空间，但又担心自己被冷落，一旦被冷落，内心的猜忌和怀疑就会野蛮生长；越猜忌就越失控，两个人的争吵就越多。

大部分的夫妻，很难 24 小时黏在一起。那么如何平衡彼此的空间又避免失控，就成了每一对夫妻必修的功课。

01 关系中，为什么会渴望抓住对方

在婚姻中，渴望掌握对方的动向，或者喜欢和对方一起做事情，一定程度上是合理的需求。但若是让对方感到了被打扰，甚至产生想要逃跑的感觉，我们可能就需要静下心来想一想原因。

这和我们自己的经历和认知有关，也和对方对待我们的方式有关。

（1）安全感缺乏型

我曾有个来访者，三十多岁的年纪，她发现自己在进入婚姻之后一直怀疑老公有可能出轨。她去算命，人家说她这辈子是二婚的命运。于是，她开始对老公的行踪疑神疑鬼，并且在心里不断地设想，老公出轨并且抛弃了她。

只要老公不和自己在一起，她就开始有别的想法。她也和老公讨论过这件事，老公安慰了她，但她还是不放心，有时候甚至通过GPS跟踪出去应酬的老公，严重影响了老公的职场形象。

通过复盘她的人生经历我们发现：在小的时候，她的爸爸妈妈因为务工，一直把她放在亲戚家，每一次爸爸妈妈离开的时候，她就站在门口望着远去的父母，有时候还会哭着追一路。在她的记忆里，有挥之不去的"被遗弃"的感觉。在了解她过往的感情经历时，我们甚至发现她曾扮演了多次"被抛弃者"的角色。

当来访者看到这些东西的时候，她很惊讶地发现了自己的内心深处一直都有着"被遗弃"的感受，使她在情感中总是疑神疑鬼。当她的伴侣真的出轨与她分手的时候，她反而有种松了口气的感觉。

和她一样的人并不少，因为自己的创伤没有好好处理，缺乏安全感，对感情也缺乏信心，她们对待感情有一种错觉："只有牢牢抓住的他才是我的"。但从现实结果来看，伴侣往往跑得更快。

（2）占有欲爆棚型

另一种比较常见的现象是，自从确定关系，很多人就持有"你就是我的"这个概念了。

你不是说爱我吗？爱我当然愿意给我全部啊，你到哪里去，当然要带上我啊，否则怎么能叫爱呢？

在感情发展的初期，这种占有欲会激起对方强烈的被爱的情绪，但时间长了之后，感受会发生变化。

"他是父亲，怎么可以下班了跑去喝酒。难道不应该早早回家陪孩子们吗？"

"她是我老婆啊，我的爸妈难道不是她爸妈吗？给我爸妈买个车子而已难道还需要给她说吗？"

在亲密关系中，我们最容易模糊界限，"你的就是我的，我的不一定是你的"成为经常出现的概念。

我们会看到丈夫自己经常在外花天酒地，却要求妻子下班必须马上回家，不允许妻子发展个人爱好，甚至干涉妻子社交生活的情况；也会看见妻子要求丈夫上交工资，丈夫却对妻子收入一无所知的情况。

我们常常忘记，伴侣也是一个独立的个体，需要被尊重，也需要呼吸和自由的空间。关系过于紧密会让伴侣感到不适，甚至是想逃离。

当然，像前面讲到的一样，我们渴望进入伴侣的世界之所以让伴侣感到不适，也和伴侣对待我们的方式有关。

冷淡回应、存在背叛或者是缺乏沟通都会促使我们把想要的抓得更紧。

02 幸福的夫妻，可以"各玩各的"

无论是在生活中还是从来访者的案例来看，好的夫妻相处模式，大多是夫妻双方各自独立，但又彼此依偎的。

就像是两个有所交集的圆，彼此信赖，彼此尊重。好的夫妻敢在彼此怀里孤独。

写这篇文章的时候，正在循环播放刘若英的《我敢在你怀里孤独》：

我俩早已不用 刻意练习共处

你也会 我也该 要跟自己相处……

刘若英的婚后生活是这样的：夫妻俩一起出门，去不同的电影院，看不同的电影。两人一起回家，进家门后一个往左，一个往右，因为两人有各自独立的卧室和书房，只共用厨房和餐厅。

一开始先生也有点不适应，但很快上瘾了，觉得这种生活双方有独立空间，又能彼此尊重，是非常适合他们的方式。

对于"自处"和"相处"，她认为真正成熟美好的关系是"窝在爱人怀里孤独"，即使两人暂时无话可说也没关系，可以静静地躺在对方怀里孤独，这是两人互相信任的极致表现，也是最高境界。

"我敢"，这背后透露的是一种多大的信任啊，更难得的是，这份"我敢"，是由自身强大的安全感作为支撑的。否则，就不敢。

03 发现自己，婚姻也能锦上添花

婚姻里各自保持独立，既体现在精神层面的自由（维持一定界限，彼此尊重不同的生活习惯和信仰，发展个人爱好等），也包括金钱及社交上的一定自由（不触及底线）。

我是你的伴侣，但我首先是一个独立的人，无论是从精神上还是从行为上，都不要控制我，请选择相信我，相信我们之间的关系。

娱乐圈里知名的恩爱夫妻李健夫妇，一个是才华横溢、透着独特纯净气质的音乐先生，一个是低调而有才情的大学老师。他们工作起来互不干扰，甚至常常异地，但闲暇时就一起研究厨艺，切磋茶艺，非常有生活情趣，羡煞旁人。

好的爱情原是两个独特的自我之间的互相惊奇、欣赏和沟通。

婚姻里的空间因人而异，但正像周国平老师所说的，婚姻是两个自由个体之间的自愿联盟，唯有在自由的基础上才能达到高质量的稳定和有创造力的长久。

而真正能够拥有这种自由的人，首先是一个发现了自己的人，是一个能在生活中自娱自乐的人。

如此一来，婚姻便成了锦上添花之物，在关键时刻也能雪中送炭。

三、报喜不报忧，并不是真正的孝顺

"你们说，我到底要不要告诉父母呢？"

一个主动请缨到抗击疫情一线的护士在微博上发帖问。

因为怕父母担心自己的安危，她来的时候没有告诉他们。她的姥姥得知她去了前线，担心得一下子病倒了，起不来床。爸爸妈妈也是打一次电话哭一次。

"也许你经常和爸爸妈妈打电话沟通一下那边的实际情况，他们反而不担心了。"

这个网友的回答的确是有道理的。

之前看过一位护士，给妈妈演示了自己每天要穿多少层衣服，如何佩戴护目镜，还每天给妈妈发视频，就是为了让妈妈安心。

"我来的时候，也很害怕，但是来这边之后，看到这里管理有序，我反倒是不怎么害怕了。"

她把这里的很多工作场景都拍给了父母，父母看到之后，安心在家等待她归来。

01 我们都曾报喜不报忧

很多时候，向父母报喜不报忧的做法，我们都有过如下经历：

跟男朋友分手了，怕父母担心，咬着牙一个人熬过最黑暗的时候，等这一切都过去了，才轻描淡写地告诉他们"我们早分手了"。

做投资欠了一屁股债，还时不时给父母发个红包，告诉他们自己不差钱。

工作上承受巨大的压力，每天累得跟狗一样，回到家父母问起，只是说"挺好的"，生怕多说眼泪就跑出来了。

"说了也没有用，反正他们也不会懂，只会瞎担心，干脆就不说了。"

越长大，可能很多人越会觉得，跟父母的话越来越少。有时候觉得是他们思想不开化，不懂我们的世界；或许觉得说了也没用，只能让他们也跟着担心；等等。

但或许，我们没有意识到的是：

父母某种程度上是渴望被麻烦的，他们也渴望懂我们。

有个很重要的前提就是：我们愿意跟他们分享我们的世界，展现我们的喜怒哀乐。

02 为什么我们怕麻烦自己的父母

我们对父母选择报喜不报忧，是可以被理解的，但并不是一件值得提倡的事情。

因为我们一直这样做的同时，也意味着——

（1）"我只能和你们分享开心的事"——你在我眼中也是脆弱的

婷婷在农村长大，家里兄弟姐妹好几个，只有她是读了大学出来工作的。爸爸妈妈都很以她为骄傲，觉得她懂事又独立。

事实上也的确如此，她读书工作以来没有让父母操过心，还一直每个月给父母打钱。

可这个姑娘，一不小心爱上了属于情场高手的同事，三年来不仅没有等来婚姻，反而把自己弄得遍体鳞伤。分手时，她发现自己怀孕了，她没有告诉自己父母这一切，独自去做了流产手术。

"您知道吗？我当时一个人在病房起床上厕所，看着隔壁床的姑娘有爸爸妈妈在旁边喂饭，一下子就哭了。"

事后，婷婷身体恢复得一直不太理想，有各种小毛病，加上情绪上创伤比较重，姑娘一度出现很明显的抑郁症状，无法正常工作。

妈妈知道以后，哭了好久，她怎么也没有想到，眼中一向独立坚强的姑娘这么遭罪，一直都很自责，怪自己和老公没有好好关心女儿。

婷婷之所以这么做，是因为她觉得：自己不想麻烦父母，免得父母承受不了这一切。自己爱父母，所以替父母屏蔽掉一些负面的消息和事情，让父母少操心，少介入。

但事实上呢？因为婷婷不敢在父母面前袒露自己的脆弱，父母在婷婷眼中也变成了脆弱的人。

正是这个顾忌，成了阻碍他们关系的一堵墙。

阿里平台有一些职业的自杀干预师，主要任务是在电商平台及时发现和劝阻那些有轻生倾向的人。

他们经常会发现一种现象，当自己千方百计找到马上要实施自杀的人的父母的电话时，父母觉得根本不可能。

直到他们踢开房门，发现自己的孩子正准备服药，或是发现孩子很早就有的抑郁诊断报告。

孩子们如果肯多和父母袒露一些自己的心声，不怕麻烦父母，或许彼此之间的误解不会那么大。

（2）"说了你们也不会理解我"——对彼此的关系不够信任

我们不愿意和父母分享脆弱的另外一个很重要的原因在于，我们常常会认为父母不懂，或者是无法理解自己，所以干脆选择不说。

因为彼此成长背景的差异，加上观念的不同，想让上一代人理解这一代人的大部分想法，本身的确是存在一些难度的。

方方在辞职之前，是一名公务员，她当初择业的时候，主要是听从了父母的意愿。

工作十多年来，她一直觉得自己不适合这种工作氛围，但每次她只要开口说体制内的一些弊端，父母立马警觉，开始批评她的想法。

久而久之，她就不再说辞职的想法了。

但是，她还是经过一些准备，从单位辞职进入了律师行业。直到她拿到第一个项目的奖金，有了一点底气，她才告诉父母自己辞职的事情。

我们不敢或者不愿意袒露脆弱的背后，其实是对关系不够信赖。

我们认为，我们只有表现优秀，做得好，才会被接纳。一旦我们不再是父母眼中的"好孩子"，我们就会让他们失望伤心，他们是不会真正理解我们的。

其实，"报喜也报忧"在更多时候反而更能拉近我们和父母的感情。

03 敢让父母担忧，才是真孝顺

人在这世界上生活，都是渴望被自己身边的重要人理解的，或者伴侣，或者父母，或者兼而有之。我们都渴望喜悦被分享，脆弱被分担。

人是通过相互麻烦来建立情感链接的。被我们麻烦得越多的人，往往越亲密。

我们可能很容易发现，朋友比亲人往往更能理解我们。区别在哪里？

因为我们和亲密的朋友沟通得多，什么话都敢坦诚相见。

我们和父母之间也是一样的，只有通过经常的沟通和相互麻烦，他们才能够真正地了解我们处在什么状态，渴望什么样的关心。

有时候，为了让父母感受到一些"被需要"，我们甚至需要创造一些麻烦他们的机会。

我的闺蜜特别有孝心，把生病的爸爸接到身边，请好保姆照顾，啥心也不让他操。

结果，没到一个月，爸爸各种找碴，闹得一家人不开心。闺蜜很生气，觉得爸爸没事找事。

"对啊，他就是没事啊，你一定得拜托他事情，向他求助啊。"

在启发之下，闺蜜这样给爸爸安排了任务：

公司里一些小的账目，安排以前做过会计的爸爸来做；

买了很多花种在院子里并拜托爸爸去照顾；

又找爸爸借了点钱周转。

经过一系列巧妙的安排之后，爸爸每天都很忙，也很愿意帮闺蜜打理账务，分担工作。

渐渐地爸爸不再抱怨她总是加班不陪他了，反倒是让闺蜜多注意身体，不要太熬夜。

闺蜜遇到工作上的困难，也敢和爸爸分享了，自己担子也轻了很多。

我们麻烦父母，他们就会觉得自己被需要，自己的生命是有价值的。

人老了之后不是少干事就一定好，能替儿女分忧，能被儿女麻烦，大多数父母是"一边喊累，一边心甘情愿被麻烦"。这是体现他们价值的方式之一。

04 父母不是朽木，他们也有成长的空间

我们经常会听到年轻人说："我爸那人，没救了，一块朽木。我也不指望他理解我。"

事实上，再多沟通几句，你会发现父母不是你想的那样。

就如同前文提到的方方，当爸爸妈妈知道她辞职时，其实没有她想象得那么伤心和难过，只不过觉得有些惊讶，但很快接受了事实。

这个时候，她才发现，自己的爸爸妈妈也没有那么老古董，他们是能听进去一些建议和想法的。她之前其实是高估了难度，对爸爸妈妈有了太多预设性的想法。

我们或许可以试试，带领父母多了解一些我们的世界，相信他们的成长性。要知道，父母这个年纪的人，其实同样有很大的创造力。

除了相信他们有理解力，我们还可以主动带领他们接触新

事物。

前不久，一对四川老夫妻在抖音上又唱又跳地调侃 33 岁的单身儿子：

"儿子，我给你唱首歌你听到吗？草原最胖的花，你还单身吧，三十几岁，你也别灰心啊！虽然你长残了，但你并不差，擦干眼泪，过年去相亲吧。"

这几日媒体在报道，一位 61 岁的阿姨一边带外孙一边学习网课，疫情期间上了 160 余门网课，身体力行地证明了"活到老，学到老"。

当你看到这些的时候，会发自心底地对我们可爱的父母感到佩服的。

在日常的生活中，多和父母分享细节，多安排他们为我们"做事"，让他们感觉到这个世界他们不会的东西是可以学会的，他们是"被需要"的。

如此，无论是他们还是我们，都能够从这种相互信赖的关系中得到真正的滋养。

四、"我，暖男，爱上个女疯子"
——看似不般配的伴侣，都互有隐形引力

生活中，有这么一些人，他们以为自己未来的伴侣，会和自己价值观、性格等各方面都很相似，但是实际上却找了一个和自己各方面都不一样的互补型伴侣。这是为什么呢？

这个夏天热播的《虽然是精神病，但没关系》或许给了我们一些启示。

01 暖男 + 疯女人 = 相互拯救

男主角文康泰，是一个精神病院的护工。

他对每一个人都能给出温暖的微笑，甚至能去拥抱吐了他一身的精神病人。

但是，他的身世很可怜。在家庭中，他是一个"工具人"：他的出生，完全就是为了照顾患有自闭症的哥哥。

母亲让他跟哥哥盖一床被子，打一把伞，总是要求他照顾好哥

哥；稍有闪失，母亲还会打他。

女主角高文英，一名童话作家，有反社会型人格障碍。

因为父母干涉，她自小在"城堡"中长大，异常孤独。长大之后，我行我素，傲慢无礼。

在她的世界里，父亲是"试图把她掐死"的人，母亲是经常限制她折磨她的人。

许多观众会提出这样的疑问：

文康泰这样的"暖男"为什么会爱上高文英这种有反社会型人格障碍的"疯女人"？

随着剧情推进我们会发现：他们之间的相互吸引，并不仅仅取决于童年的缘分，也不存在谁拯救谁。

他们身上都有彼此最需要的东西——"影子人格"。

02 有对方"影子人格"的异性，会很有吸引力

心理学上认为，每个人除了表现外在众人所见的"显性人格"外，还有个正好相反、潜躲心底的"影子人格"。

当一个人遇见一位具有自己"影子人格"的异性时，心中常会有欢喜雀跃的感觉。

因为对方显露出自己所缺乏（或已被潜抑、消逝了）的人格特质。他们双方身上，正有对方在自身环境中无法彰显的"影子人格"。

（1）文康泰：压抑成性的"暖男"

在文康泰的"显性人格"里，因为哥哥先天需要更多照顾，所以文康泰从小没有得到妈妈同样多的关爱。

他一直想表现优秀，让妈妈开心。他对世界所展现的，始终有讨好的成分。

他从未任性，没试过像孩子一样去玩、去开心。

为了生存，他好好对待每个人，但他眼睛里写满了"欲望不满"。

他甚至对着打他的妈妈喊"我希望哥哥死掉"；看见落入冰窟里的哥哥，他一度想见死不救。

他发自内心想照顾好哥哥，但这么沉重地活着，痛苦也压抑。

然而高文英不同。

她不讨好别人，只讨好自己，以自己的需要作为出发点。

遇到文康泰后，她直抒胸臆"我要你""把你献给我吧"。

她不考虑别人感受，也不扭扭捏捏，非常直白地告诉对方，自己要什么并付诸行动。

她的鲁莽和横冲直撞，以迅雷不及掩耳之势迅速击败了情敌，闯入了他原本单调而沉重的世界。

她一眼就看穿了他的"欲求不满"，他的"伪善"和压抑。

她让他看到生活的另外一种可能：不必讨好求全，不必压抑自己的欲望。把欲望写在脸上不可耻。

这一切，不正是他的"影子人格"所渴望的？

有一次，高文英把议员的精神病儿子带到广场，让他在议员竞选的场合欢快地搞破坏。把一切搞砸的时候，病人开心了。

令人意外的是，一向拘谨的文康泰，放任了这种撒野——因为他发现，台上的那个病人在开心地做自己。

他也想试试，抛弃一切负担，不再"成为某人的需要"。

但生活于他而言，有太多不可以。女主带他一步步直面自己的伤口，不再逃避。

随着剧情推进，他终于吼了出来，开始发泄情绪。这正是他所需要的：成为人。

（2）高文英：浑身带刺的孤独公主

对高文英来说，她的"显性人格"是对世界充满敌意。她对人不友好，不看自己的父亲，喜欢拿刀保护自己。她浑身长满了刺。

然而，她的内心，特别渴望温暖，渴望有人懂她。

文康泰对她很有耐心。就算她制造再大的麻烦，他都愿意去当保护者和承担者。

他教她用蝴蝶拥抱法去面对自己的情绪，叮嘱她要好好吃饭，全方位接纳了她的各种"闹腾"。他的身上有她藏起来的温暖。

他能透过这一切看到她背后的脆弱和对爱的呼喊。

他去读她写的书，理解她，同时被她疗愈。

渐渐地，女主也一点一点在向观众展现出深藏不露的温柔。

她耐心对待男主的哥哥，也开始照顾对方的情绪。她尝试陪伴自己父亲散步，接下了精神病院的写作课，给大家讲童话。

她的"影子人格"里，藏着不敢拿出来的温柔和体贴。然而遇见他，开始彰显了。

他们之间的吸引，不仅仅是男女之情，更是一种让彼此生命完整的激发。遇见了彼此，他们释放了自己被压抑的部分，渐渐走向了一种更为稳定和幸福的平衡。

"影子人格"和"显性人格"整合互补的过程，将逐渐发展出一个更完整、更成熟的人格。这个过程也被心理学家称为对"完整自我"的追寻。

03 没有影子伴侣，我还能发展出"完整自我"吗

答案是肯定的。我们遇见不同类型的伴侣，都有机会去发展出"完整自我"。

亲密关系是我们最好的镜子，我们会在相爱相杀中成长。

经常有人抱怨，自己的伴侣背叛自己，或者是对自己太差：

"如果不是和她结了婚，今天的我不会这样暴躁，脾气差。"

"如果不是他背叛了我，我真的不会对人性感到如此绝望。"

…………

大部分的伴侣，不是天造地设的灵魂伴侣，而是有非常多的地方需要去磨合。这样就会产生各种各样的冲突和意外。

这些冲突在当时让人很痛苦。但换个角度想，这些冲突也是生命的礼物：

经历了吵架，我了解到两性的不同需求，学会了尊重和倾听；

经历了背叛，我了解到人性不是童话，破除了对婚姻和伴侣不

切实际的幻想。

在相爱相杀当中，我们一次次看到真实的世界，了解真实的自己。

就算是高文英和文康泰，也是在各种冲突中逐步妥协，渐渐了解了对方，才爱上和认定对方的。

从某种程度上来说，你当前的伴侣，就是最适合你学习和成长的镜子。

不仅如此，我们自己，本身就是一个完整的圆。

伴侣并不是另一半的圆，只是帮助我们看到完整的自己。

当剧中的文康泰开始越来越勇敢的时候，他没有再陷在自己"妈妈不爱我"的视角里，转而发现妈妈是因为他才经常带上哥哥去吃炒码面，妈妈是非常爱他的。

他的心，被爱充满了；他的世界，也开始渐渐完整起来。

谢尔登·艾伦·希尔弗斯坦的绘本《失落的一角遇见大圆满》，讲述了一个简单而又充满智慧的故事。

失落的一角原本是在等待一个跟她完全契合的人，组成一个完美的圆。

在一路的过程中，她遇见了不让她长大的人，喜欢她但不久留的人，不愿意陪她探索远方的人……在这些过程中，她流血，她长大，她开始学会了独立，为自己负责。

渐渐地，她发现自己成了一个完整的圆。这个时候，她的 Mr. Right 出现了。

当你收起依赖的心，选择为自己的生命负责时，你就会从心里相信——你有能力创造幸福。

五、"疫情暴发的第八天，我屏蔽了老公的朋友圈"
——越是艰难的时候，越暴露人品

前几天看到一段话：

> 这场疫情就是放大镜，发现善良的人是真的善良，有本事的人是真的有本事，坏的人是真的坏，蠢的人是真的蠢。

一场疫情，一夜间改变了我们习以为常的生活，与之相伴的，你会发现身边的人在这之中所表现的态度，迥然不同：

有人每天忙着传播各种未经证实的消息，骂这个骂那个，做一个唾沫横飞的键盘侠。

有人忙着活跃在志愿者队伍中，累得没空吃饭睡觉，为一线的人输送物资；或者在微博上帮忙转发求助的消息，尽一点绵薄之力。

有人再怎么憋闷，也坚决不出门，做好防护，不给别人添麻烦。

有的人看见了恐惧，有的人看见了爱……

疫情终会过去，但那些感动、愤怒、共情……不会那么容易过去。一场疫情，让我们看透了身边一些人的三观。

前几天刚好和一个女生聊天，她不知道怎么判断一个男人是不是不错。

我笑言，你们聊一聊疫情，基本就能知道他的三观。她很好奇，我就仔细分析给她听。

01 怨气冲天型，NO!

如果一个人并不是患者和医护人员，却总抱怨政府没做好，这里那里都有问题，而自己又没有什么理性可行的建议，我们并不会对这种人产生敬意。

这次疫情，放在任何一个公共卫生条件不错的国家，都是巨大的挑战。

我们可以提意见和建议，并且想办法去做实事。但如果只是满足于当个键盘侠，对别人指手画脚，甚至是谩骂，对不起，我希望远离你。

你信不信，平时喜欢骂医生、抱怨父母和单位的，其实是同一类人？

喜欢抱怨和指责，表面上是喜欢挑刺，但实际上是认为"我在这件事情上没有责任"，事情不如人意，都是你的责任。比如小孩摔跤了，有的丈夫只会对着妻子喊："你怎么看孩子的？"

过多的抱怨和指责背后，代表我们内在力量感的弱，既不愿意承担，遇事也容易逃避。今天一位朋友发了一条朋友圈：这场巨大的灾难，代价很大，我们显现出各种恐慌和不安，但这场灾难，是否也提醒了我们的自大和过错，我们是不是病了很久了而不自知？

灾难面前，与其花精力挑剔别人，不如把更多的精力拿来反思自己，可以在当前做些什么，我们的生活才有可能早一些回到正轨。

02 负面吸引型，NO!

来访者美美是为修复婚姻而来。她和老公白手起家，小家经营得很不错。但美美苦恼的地方在于，她老公太容易想那些不好的事。

应酬晚归了，他会非常细致地盘问她。说了一句话，他可以挖出三层含义，而且都是比较阴暗的想法。

她理解老公在成长的过程中受过很多的苦，才总是从小事上解读出自己的负面判断，经常误会别人。

为了避免矛盾，她减少和老公的交流，可是，她自己却变得越来越压抑。

就拿这次疫情来说，他每天朋友圈和微信群转发的都是各种阴谋论和负能量，她干脆把他屏蔽了。

美美老公这种人，很常见，他们就像一个黑洞，自然而然地吸引负面情绪，跟他们相处，一个字：累！

这些人会习惯选择性无视别人的努力和付出，集中眼光在负面信息上，只看到那些拉低频率的东西。

其实，你的心在哪里，你就会主动去关注什么样的信息，看到的就是怎样的世界。

灾难会暴露一些人的阴暗，也会彰显一些人的大爱与仁慈。当那些负面的阴暗的东西扑面而来时，我们反而更会为人性之美感到动容。

03 淡定且积极关注，YES!

在做好防护的基础上，要先给那些淡定的人点赞。

他们积极关注疫情的最新消息，却一点都不慌乱，而且还尽力提供一些帮助。这种人你我身边都有，每个小小的他们，都在这场危机中发出了光——能做到这样，其实并不容易。

前段时间，我在被隔离的人群中做志愿者，见到了很多非常恐慌的人。

他们的症状其实并不符合确诊标准，但他们还是担心自己的肺变白，整夜整夜都不能睡觉。

疫情当前，恐惧情有可原，因为我们知道，自己正面临着无法预计和控制的危险。我们担心自己和亲人会不会被感染，担心感染之后，会不会危及生命。

而且很多时候，恐惧这种情绪根本不受理性控制，严重时还伴有烦躁不安、焦虑、呼吸急促，甚至休克等生理症状。

所以，在做好防护的基础上，一定要好好照顾自己和家人的情绪。

一般来说，如果你遇事冷静，如常作息，你整个机体的细胞是健康而有活力的，抵御病毒的能力也会增强。

与其陷在恐慌的情绪当中，不如放下手机好好陪伴家人，感受来自身边的支持。

这个时候，不要被外界裹胁，而要选择跟真实的自己在一起。

04 行动且不做局外人，YES!

我有个师姐，做公益很多年了，这次疫情，她虽然没能前往前线，但一直在通过公益机构支援一线物资。

她打了很多电话给一线部门工作人员和志愿者，跟踪物流，确保医用物资能够抵达现场，线上奔走在各个支持武汉的群里以解决遇到的实际困难。

她只是众多在努力、用自己的行动支援疫区的一分子。

我们还有更多的医护人员、建设者、志愿者从世界各地支援着湖北前线，为武汉加油。

甚至你我身边很多平凡的人，在不知道的时候，早已为武汉做了很多。

这些在灾难中挺身而出的人，真的就是最可敬可爱之人。他们不是局外人，他们是经历者、参与者。

这样的人，在任何时候，在任何地方，都会发光发热，用自己的行动让这个世界变得更好。

所以，不只是现在这个特殊时期，而是在今后的每一天，当我们遇到问题、遇到危机时，首先问自己一句"我能做什么"，也许生活就会变得不一样。

行动，是一种主动负责和担当。我们，从来不是生活的局外人。

以前在日常生活中，可能还不觉得有什么，只有在大是大非面前，才能真的看清楚一个人。一场疫情，是人是妖，都现出了原形。

愿每个人都能心胸敞亮，成为一束不灭的光，照亮黑暗，也照亮我们共同生活的这个世界。

CHAPTER 4

破局的出路在哪里

直面人生中的问题

一、为什么我们总认为自己是对的
——如何摆脱纠正别人的欲望

我们看见的一切都是一个视角，不是真相。

——《沉思录》

01 每个人都想按自己的意愿活，但又不允许别人这么做

"我退群了。"小米说的是她所在的投资群。

"为什么？"我很诧异，要知道，那里面大部分人都是身价不菲的大佬，不少人已经实现财富自由，无论从哪个角度看，都是高净值人群。

原来，疫情暴发以来，群里经常在开撕。

一开始是因为有人总是抓住国内做得不好的地方批评指责，然后把国外的医疗卫生水平等拿来做对比，而支持的一方认为疫情刚刚暴发，对任何国家都是一种巨大的挑战，不能不允许中国犯错。

"我实在是没法待在里面了，各种争论毫无意义，且影响和气。我只好退群了。"好几个人拖她回去，她没有再加入。

我们经常会碰到类似情况：

——围绕中西医。喜欢中医的人对不使用中医的人嗤之以鼻，抱着同情可怜的眼神；喜欢西医的人攻击中医缺乏科学依据。双方互不相容，甚至有人专门写长文来相互舌战，掀起一阵阵血雨腥风。

——围绕孩子上学。妈妈认为如果不在小学就进入私立双语学校，孩子就输在了起跑线上；爸爸认为这么小的孩子快乐最重要，完全没有必要在那么早的阶段焦虑。双方一副"白天不懂夜的黑"的态度，争得不可开交。

结果呢——无解！

谁也说服不了谁，我们各自带着各自的观点和三观在生活着。反倒是，因为这些争论，浪费了宝贵的精力，破坏了沟通的氛围。

然而，一个成熟而智慧的人，往往会懂得，人是需要克制自己说服别人的欲望的。

02 为什么我们总是想说服别人

首先，因为我们认为自己是对的。

然而，我们真的是对的吗？

"横看成岭侧成峰"，真正的事实，是由多个面向构成的。我们所认为的事实，不过是我们眼中的局部事实而已。

丈夫白天被上司逼迫把职位让给新来的同事，回到家的时候和妻子因为小事吵了一架，想静一静，于是就出来走走，路上进地铁站的时候因为下雨路滑又摔了一跤，上地铁的时候，因为有人挤，不小心撞疼了他，最近经历了诸多不顺的他心态崩了，开始骂开了。几分钟后，情绪平息的他还是把他的座位让给了刚上来的奶奶。

可他万万没有想到，有人把他骂人的场景拍了下来并传到了网上。于是，不同的人对同一个人有了大相径庭的解读。

妻子："他竟然因为一头蒜跟我争，简直不可理喻。"

拍视频的人："他随口骂人，他是个没素质的人。"

奶奶："这真是个有爱心的年轻人。"

心理学上有个概念叫选择性注意（selective attention），是说我们只会把认知资源集中在特定的刺激或信息源上。也就是说，我们通常只会关注我们想关注的、所认同的，而自动地过滤掉那些不符合我们认知、不想关注的信息。

一个人的经历、接受的教育、工作环境以及个人的认知结构等很大程度影响了一个人的判断力。亲眼所见都不一定是事实，更何况我们有时候还是从网络上获取的二手三手信息呢？

基于局部事实的争论，原本就站不住脚。更何况，有时候网络上信息冗余太多，缺乏基本的逻辑和根据，连事实都谈不上。

另外一个说服别人的动机在于，我们对于自己所持有的观点和信奉的东西没有信心，渴望有人认可。

如果我在家里存储了几百斤黄金，我是不会去说服别人"这很值钱"的，因为它就是毫无争论的有价值的。

只有当我对我所持有的事物并不是那么有底气、不坚定的时候，一旦遇到别人反对或者否定，才会去反驳，并获得认可，甚至对方不认可还会生气。

我们可能很少看到一个男性在网络喊出来"男性要独立"，而更多的是讨论"人要独立"，为什么呢？因为这一理念几乎每个男性从小就知道，如果一个男性要在社会和家庭中赢得尊敬，独立是基本条件，也是普遍事实。反过来，我们经常听见女性会不断地告诉自己和他人"女性一定要独立"，这种独立，有时候是在说经济，有时候更多地指的是一种精神上的。

但恰恰是因为不少女性对独立简单理解为"我靠自己赚钱养活自己"，而对女性作为独立个体的价值缺乏足够的认同，才会特别渴望社会和他人能认同这一点，一旦有人对此事提出异议，就会招致猛烈的抨击。

那种"男人都不是好东西""没有男人我也一样活啊"之类的把男性当作敌人的言论也是一样的道理。只有不自信、缺乏底气，才会陷入狂热、缺乏理性的维护和辩论中。

当然，我们也会看到，还有一部分人是在通过说服他人刷存在感，显示自己的智慧和不俗。在辩论当中，旁征博引，口吐莲花。于他们而言，重要的不是辩论的内容，而是他们以笑傲天下的态度好好地向外展现了一把实力，末了，顺便来一句"你还是多读点书吧！"，让人惭愧之至。

其实这样的人，或许真的有一定实力，但是对自己的肯定是不足的。他们的价值感，很大部分建立在他人的认可和关注之上，一旦被忽略或遗忘，就会产生巨大的失落感。那些从镁光灯前、重要岗位上离开就感觉巨大不适应的人，就属于这一种。

03 克制自己不去纠正别人，背后是允许

一个成熟而有智慧的人，会清醒地意识到：我们每个人都活在自己选择和相信的世界里，不会花大力气去说服别人。

（1）凡是可以争论的东西，从某种角度理解都是有道理的

喜欢看《奇葩说》的人不难发现，面对"在火灾中，先救猫还是救画"这种辩题，在没看辩论之前，你很可能有一个自己的观点，但是，在听辩论赛的时候，你会发现，你所反对的观点仍然有很多部分你会认同。

除了那些类似于"1+1=2"这种没有争论的结论外，我们生活中的绝大多数事情或观点，在不同的角度和不同的人看来，都会出现不同的解读，并且各有各自的道理。

那么，这可能提醒我们一点：一个善于学习的人，他并不会屏蔽超出自己理解和认知的东西，而是会保持一个开放的心态去注意吸收跟自己不同的观点和了解未知的事物。当你有了

静下心来听别人观点的态度，便没有了匆忙辩论的念头。

（2）君子讲究和而不同，需要允许别人持有不同的价值观或观点

有个朋友，因为一直喜欢到处看看，在全世界走过了二十多个国家，光幼儿园孩子都上过四个国家的了。因为见到了太多国家的人的不同的文化和价值观、不同的生活方式，她发现孩子有一个明显的特点，即从来不会认为他人的观点或者生活方式是不可接受的。她的女儿碰见任何奇怪的、超出自己认知的事情，都不会去忙着评论，而只是在观察和学习。

他们一家人都有这种特质，对其他人的生活方式表示接受和认可，并没有纠正对方的冲动和念头，始终保持开放的心态。这种态度，让女儿特别受益，无论她走到哪个学校，她总是班级里最受欢迎的那个。

成人的世界里，相互的争吵和不理解的根源有时候就在于：我们总是忙着去证明自己是对的，希望其他人能够接受自己的观点，甚至是渴望身边人按照自己的心意去生活。或许，我们忙着说服别人，忙着反驳别人，恰恰是我们经历得太少。

君子和而不同，允许别人如其所是，允许别人持有不同的观念，对我们来说是一个永远值得学习的课题。

（3）道不同不相为谋，请尊重生命的独特性和体验需求

还有一个不提倡去花时间说服别人的原因在于"道不同，

不相为谋"。

此处的"道不同"并没有高下之分，只是说，人的生命是具有很强的独特性的，每个人要体验的东西并不相同。你不能用你的观点和人生经验试图去说服别人，哪怕对方是你的亲人，哪怕他的做法在你眼中很明显是极其愚蠢而错误的。

孩子不犯错不会成长，一个不注重身体的人只有迎来疾病才会真的注重健康。

只有允许对方有不同的经历，允许他去犯错，去成长，他的生命体验才可能完整。更何况，如果把时间段放长一些，你怎么知道，对方走的路是错的，而你，就是正确无误的呢？

因为，我们的未必是对的，而他也有按照自己心意表达和选择的自由。

二、离婚冷静期通过，设立结婚冷静期可好

01 离婚冷静期一个月？最长是 60 天

虽然遭到大量反对，但最终"离婚冷静期"还是被写入民法典，从 2021 年开始实施。

有人说，明年开始，离婚会变成一件极其困难的事。

该条款写明："自婚姻登记机关收到离婚登记申请之日起三十日内，任何一方不愿意离婚，可以向婚姻登记机关撤回离婚登记申请。前款规定其间届满后三十日内，双方应当亲自到婚姻登记机关申请发给离婚证；未申请的，视为撤回离婚登记申请。"

此条文去年公布时便引发过热烈讨论，正式通过后更是掀起了一轮又一轮热议。

支持者认为，在闪婚闪离越来越多的当下，这一条款是能起到很大作用的。法国、韩国、英国等国家都规定离婚时有不同形式的冷静期。

以韩国为例，"离婚熟虑期间"制度的设立后，韩国蔚山

地方法院宣称：2006 年向该法院申请离婚者中，有 84% 最终离婚成功，而 2008 年这一比例降至 62%。

但大多数网友甚至一些专家和法律界人士是不买账的，认为一刀切地设置离婚冷静期，非常不妥。

有人大代表认为是"以极少数人的婚姻问题强迫绝大多数人为此买单"，让离婚当事人特别是婚姻关系中弱势一方的身心遭受煎熬，离婚冷静期俨然变成了一种"虐待期"。

有人表达合理质疑：国外设置离婚冷静期，同时也完善了离婚教育，有未成年子女的家庭在提出离婚的时候，必须接受涉及离婚对子女的不利影响的离婚教育课程，甚至还有专门的离婚咨询。如果指导教育结束后，当事人仍然不改变离婚意愿，则可获得离婚判决。

现在一刀切的方式，能做到这些人文关怀和实际保护吗？

网友甚至戏言，中国网友从未如此团结一致地反对该条款。

我们不难理解该条款出台的背景：2018 年全国结婚率仅有 7.2‰，为 2013 年以来的最低值。与之相对应的是持续走高的离婚率，从 2012 年起中国离婚率突破 2‰，2017 年升至 3.2‰。

这种情况下，离婚冷静期的纳入是在为自愿离婚的当事人设置适当的时间门槛，以促进冷静思考、妥善抉择。

作为咨询师，我曾在工作中接触过不少想离又离不了的人，非常能理解反对者的感受和顾虑。该条款一旦真的通过，会造成不少人极大的痛苦和折磨，最重要的是损害了人的离婚自由。

02 离婚，也是一种婚姻自由

结婚，要基于两个人相爱相知，充分了解，确定都能承担婚姻责任之后方能考虑。

相对于其他国家和地区，在我们国家，由于父母干涉过多，很多婚姻都是两个大家庭的结合，离婚，一样成了两个大家庭的分离。

一对夫妻能成功离婚，需要说服全家人，克服许多障碍，成本非常高。如果再设置时间门槛，离婚会变得更加艰难。

攀攀的离婚就让她感觉脱了几层皮。她想尽千方百计，不知和父母吵过多少次架，才争得了父母的支持。丈夫原本已经答应离婚，可走到民政局的时候，他又改变了主意，坚决不肯进去了。

"我不敢去起诉，他威胁如果起诉就要伤害我家人。那天我蹲在民政局门口，整个人都在发抖，一直在哭。一想到漫漫离婚路，我真的感到绝望。"

要知道，她丈夫可以一个晚上给她发几百条微信辱骂她。有的时候还会发微信给她的父母进行威胁。甚至，他还会不请自来跑到她单位，或者强行进入她的住所。她和丈夫并无财产和孩子的纠葛，她要的仅仅是一个顺利的离婚而已。

虽然全国人大常委会法工委回应称，"离婚冷静期"针对的是协议离婚，家暴、虐待以及吸毒等恶习可以通过诉讼离婚来解决。但是实际上，这种考虑偏简单粗暴。

因为诉讼离婚时间长、成本高，协议离婚仍然是大家的首选。协议离婚方式中，一样存在家暴、严重酗酒、出轨、转移财产，甚至是子女等复杂情况，多一天都是弱势一方的煎熬。

另一方面，我们需要看到，结婚率下降、离婚率走高的背景在于：女性经济地位提高，婚姻的经济功能正在减弱，而情感功能的需求在进一步加强，个人独自生活也正变得越来越便利。

换句话说，整个大环境变化了，随之带来的婚姻观的变化，是回避不了而需要接受的事实。设立"离婚冷静期"，不仅无法实现设立初衷，反而严重损害离婚自由权，降低结婚意愿。

以浪漫著称的法国，2017 年出生的 77 万名新生儿中超过 60% 为非婚生子。虽然原因很多，但不少学者研究认为，这和法国离婚程序过于复杂有关，为此，法国议会还专门通过了《关于简化两愿离婚程序的修订案》。

既然进入婚姻机制是自由的，那么退出这个机制也应该自由。

03 比起离婚冷静期，我们更需要"结婚冷静期"

如果设立离婚冷静期的本意是降低离婚率，应该学习其他国家的做法，花更多的精力和投入在更好地提供资源支持上，让形同虚设的机制（离婚调解等）真正运作起来。

或提供综合辅导政策和措施，保护未成年人和弱势一方，而不是简单地人为设置时间障碍。

以韩国仁川市为例，该市推行"家事商谈制"，当地法院选出一批"家事商谈委员"，包括职业咨询师、教师、宗教人士等，与要求离婚的夫妇见面，倾听他们的烦恼，协助他们找到离婚以外的解决办法，或帮助确实要离婚的夫妻处理好子女养育等问题。有的个案甚至有机会接受长期的咨询辅导。

只有我们真正关心离婚的人在苦恼什么，针对性展开行动，才能有效避免真正的冲动离婚，并妥善地帮助那些切实需要离婚的夫妻处理好善后事宜。

此外，作为个人，在面对婚姻这件事上，一样有很多可以有所为的地方。

如果两个人走到需要离婚的境地，推荐双方通过这次危机去真实地面对自己成长过程中的苦与痛。亲密关系是我们最好的镜子，这是一次自我探索、自我成长的好机会。

（1）借助专业力量，评估二人婚姻现状

我们在咨询中经常会发现，能够来做夫妻咨询的并不多，大部分咨询者是女性，男性所占的比例较少，这和女性更加注重关系有关。那么，如果你的伴侣不肯来咨询，只有你自己一个人做咨询有效果吗？已经有无数的来访者证明，答案是肯定的。

可欣是因为陷入难缠的婆媳关系，和丈夫不断争吵而来。他们闹得不可开交，仿佛离婚是唯一的出路。经过数次的深度咨询，可欣看到，自己和婆婆一直在争夺丈夫的爱。同时，可欣发现，自己内在的这种模式，表现为小时候一直和弟弟争夺

妈妈的爱，现在在工作上也有和别人"争宠"的现象。

在充分了解三个人的成长经历和性格特征后，可欣明白：丈夫不是不爱自己，而是缺乏处理问题的能力；他们并不是不爱对方，只不过自己不够圆满，都在"要"而已。

她主动开始学习为自己的情绪负责，更主动地关心理解家人，惊奇地发现，丈夫和婆婆对待她的方式发生了不可思议的变化。一场离婚危机被悄悄地化解了。

当然，并不是所有的关系都值得继续，如果通过专业的指导和自身的努力，婚姻仍然无法继续，我们就选择坦然离开，学习更好地经营亲密关系，为此后的人生积蓄力量。

（2）对婚姻和自己的关系进行重新定位

很多人在结婚前并没有想清楚婚姻的意义，或随大流，或抱着幻想，或被家人逼迫，就一头扎进婚姻。几年之后，猛然发现，生活简直一地鸡毛。

这个时候，其实是一次让我们真正地接近自己、重新认识婚姻，并学会处理关系的良机。遗憾的是，不少人在关系碰到困难的时候当了逃兵。冷暴力、出轨、离婚等，既伤害了彼此和孩子，也让自己的人生陷入被动。

如果在这个时候，我们能学会不把不切实际的期望放在伴侣身上，不渴望伴侣来完成自己未曾实现的欲望（包括孩子），那么，不管离不离婚，都能以一种更为成熟负责的态度开启自己的婚姻和人生。

（3）倡导为自己设立"结婚冷静期"

前几天一个已经订下婚宴酒席的姑娘前来咨询，她发现丈夫有明显的家庭暴力倾向。在探讨中，她发现自己居然明知道彼此不适合，但还是选择了领证。这让她感觉分外痛苦和不解。

与"离婚冷静期"相比，或许我们更应该提倡的是为自己设立"结婚冷静期"。在结婚前，对双方的感情、家庭情况、父母关系、身心健康程度进行充分的评估。仅仅是盲目地"顺着感觉走"实在太过冒险了。

我们可以提倡，把两性关系与自我成长课程作为大学必修课予以重视。甚至，在结婚前可以考虑设立婚前辅导课程，更好地引导新人。

如果我们对于结婚更为谨慎，也有更充足的准备，或许，我们碰到婚姻危机，感觉无法继续的时候，离婚就不会成为唯一的选择。

三、什么是"有边界的任性"

前几日，张柏芝发微博庆祝40岁生日。同样是40岁，马伊琍、章子怡发微博庆祝生日赢得满满祝福，反观网友们对张柏芝的评论画风就显得苛刻很多，有网友嘲讽她任性到不知天高地厚。

网友们普遍认为：张柏芝少年出道，拥有一副令人过目不忘的清纯面庞，多次得幸运女神垂青，获得重要角色。然而，她在情感上和工作上都过于任性，把一手好牌打烂了。

但平心而论，一个那样家庭出身的女孩子，从坑里爬出来就够不容易了，虽然在江湖上混得早，但没学坏，挣钱之后替父还债，善待父母，帮扶兄弟姐妹。遭遇情感创伤之后又把孩子带在身边独自抚养，这并不是那么容易做到的事情，就算是不再符合公众期望，也是她的一种选择。

曾经看过一段她的采访，当问到她如何面对那些困境时，她说："睡醒了，然后我就去打仗。反正事情都发生了，发生了就代表存在，存在了你就要去解决，这个就是我要走的路。"

隔着文字，你都能感觉到这个姑娘带着野味儿的挣扎。她的任性，更多是一种横冲直撞。不符合世界期望的生命力，也是有资本的。这种资本，既有自己挣来的资源，更有磨炼出来的面对困难的态度。

01 过度任性是对自己和他人的伤害

菁菁是家里的独生女，从小被爸爸妈妈宠爱，性格有些骄横。谈恋爱的时候，尽管她脾气不太好，但男朋友对她还是宠爱有加，很有耐心。结婚之后，她换了好几个工作，都不顺心，有了孩子之后索性不工作了。

丈夫因为年轻，在单位承担的任务重，越来越忙碌，渐渐做不到"微信秒回，时常问候"，加上下班还有不少应酬，菁菁渐渐感觉到被冷落和忽视了。双方不断因为这些事情吵架。她甚至怀疑他有别的女人。一次吵架后，她冲到了丈夫单位，情绪失控地说了很多诬蔑性语言，影响特别不好。后来，丈夫实在是无法忍受下去，坚决选择了离婚。

"我可能是被宠惯了，当时根本没有意识到自己是在无理取闹，总是觉得对方不够爱我。其实他顾家对孩子又好，我真的很后悔。"

菁菁的婚变，应了那句话，"小作怡情，大作伤情"，甚至伤身。

她和很多人一样，以为对方是"属于自己的私人财产"，殊不知，天底下除了父母，不会有人永远忍受你的过度任性。

适度任性对于关系的发展是有利的。它更多是一种情趣，一种尊重自我的表现，能够表达我们的需求，调节生活气氛。生活中我们更怕的是，缺乏度的一种任性，让身边人受不了。

02 读懂过度任性背后的渴望

过度任性的背后是什么？

表面上看来，任性的人是因为缺乏同理心，不考虑身边人的感受。但其实，过度任性的背后，往往藏着一个伤痕累累的心，也在呼唤爱。

电影《我想和你好好的》中，女主人公喵喵和男主人公亮亮两人之间相当有激情，但是，双方对于爱情的不同态度也导致了不断的争吵。喵喵极度缺乏安全感，对感情要求没有杂质，她追寻的是全身心的爱。但亮亮"不主动，不拒绝，不负责"的态度深深地伤害了喵喵。喵喵查对方的银行卡消费记录，给对方女同事打电话假装是卖花的，她甚至为了更好地监视对方，在家里装上了摄像头。一次又一次的纷争和碰触底线，让双方紧握的手松开了。

喵喵似乎在爱情中任性过头了。但实质上，亮亮一开始对待前任的态度就没有给喵喵带来安全感。喵喵只不过希望亮亮一次次通过考验，不断证明给她看，他对她的爱是不容怀疑的，是和对别的女人的爱不同的。可惜，亮亮读不懂这一切。

那些看起来很作的爱人们，往往只是因为在他们过去的经历当中，曾经被深深地忽视过。他们渴望被看见，被读懂。如果他们有机会碰上一个能够不断耐心给予其情感确认的恋人，非常有利于让其紧绷的神经渐渐松弛下来。

另外一种可能的情况常常在于，当事人还未从婴儿"全能自恋"的幻想中长大，还未以成年人的态度面对这个世界。

被百般宠溺的女儿，做了母亲之后依然觉得自己才是那个全家最需要关注的人，一旦感受不到这种关心，便开始抱怨，甚至吃孩子的醋。

不知道"家庭责任"是什么的丈夫，动不动来个情绪不好，离家出走，把一家人折腾得够呛，过几天又像没事人一样回家。

还未摆脱"全能自恋"幻想的人，往往认为他只要起心动念，世界就要围绕着他转，一旦这种期待得不到满足，个体就容易抓狂和崩溃。许多陷入这种情况的人，外在表现得就和"任性"的孩子一样，不断提出并不理性的需求，当伴侣满足不了的时候，会迎来变本加厉的指责和麻烦。

在他过往的经历当中，"作（任性）—获取利益"的模式渐渐形成。一旦他开始跳起来闹，提需求，往往就会得到满足。长此以往，在亲密关系当中，他也容易无边界地任性。

03 如何把握任性的度

我们并不提倡一个人过度懂事。敢于维护自己的利益，任性一些，有利于活得更轻松。但是，任性需要边界，需要度。

（1）有边界的任性，建立在足够的底气之上

锦江饭店创始人董竹君，出身青楼，与当时的革命青年夏之时互相倾慕。夏提出为她赎身，但是她拒绝了。她说，如果你把我赎出去，将来你会说，"你有什么了不起？你不过是我买来的"。要知道她说出这种话的时候，才15岁。可见气度不凡。

婚后，夏因为官场失意，开始吸鸦片，阻止女儿读书，对董也百般不信任。看清楚丈夫已经不可能再变好，她坚决而任性地带着女儿们离开了丈夫。分居时夏对她嘲讽："咱们来个君子协议，我和你暂不离婚。以5年为限，如果你带着女儿，5年内在上海滩没有饿死，我就用手掌心煎鱼给你吃。"

外人看起来任性得不可理喻的董没有被这一切打垮，为了自由和尊严，为了养活儿女，她去典当行变卖东西，开办纱厂、饭店，逐渐创造了民国时期一代女企业家的传奇。

董的底气，来自自身对于女性自由和尊严的誓死捍卫。她的任性，虽然在外人看来是疯狂的，但对她和女儿而言，却是充满着底气的。

这种底气，有些人来自人格品质，有些人来自财富。作为成年人，像她们一样，敢任性敢承担，这是可以的。

如果你没有足够的底气和资本，却一味要求对方无限制地满足，这不是潇洒，这叫消耗型伴侣。

（2）有边界的任性需要从行为上负起成人责任

爱情常常让人感觉边界消融，彼此成为一体。这种感觉很美好，但我们还是需要时时提醒自己，只有个体尽其所能发展得好，关系才更容易顺畅。而个体发展得稳定、良好的一个重要的前提是我们为自己的情绪和事情负责。

章子怡、马伊琍早些年在情感和事业上，也曾遭到很多人非议，也有很多人说她们作。但她们没有顾及这些，方向盘一直在自己手上。这些女性身上都贴着一个大大的"拼"字。就算是遭到非议的张柏芝，也是选择自己照顾三个孩子，这也是极度有责任心的人才会做出的选择。

我们渴望别人宠我们爱我们是可以理解的，但最应该宠我们爱我们的是我们自己。我们是自己生命和情绪的第一责任人。能为自己负起多大的责任，就会享有多大的自由。

与其把过多的精力放在控制和渴求对方上，倒不如好好在自己的一亩三分地耕耘。如果这段感情真的不堪，至少自己还有离开的能力。

（3）有边界的任性需学会换位思考，培养同理心

不少夫妻和我们抱怨，伴侣婚前通情达理，不知道为什么婚后就变成了苛刻而厉害的人。对自己对孩子都显示出一副理所当然的态度，很不能理解人。

　　这个时候，我们通常会建议主动寻求帮助的一方开始改变。当他们经过学习和成长，放下那些任性和成见，站在对方的角度考虑问题的时候，事情常常展现出惊人的变化。有的人发现，当伴侣开始展现出理解自己而积极的一面时，双方关系也开始出现更深的连接。

　　当然，能换位思考，有很好的同理心，意味着你这个人的心力是比较高的。内在丰富而稳定，才有可能很好地理解他人。虽然这并不容易，但确实是有路径可学的。

　　我们不要过度迎合这个世界，有必要保持自己的棱角，但在展现个性的同时也需要保持边界，以免伤及最亲密的人。

四、为什么会有"假性亲密关系"

"我已经预约了 4 月 6 日去离婚！坚决不犹豫了。"苗苗年后跟我的第一次见面就带来了她的重磅消息。详细了解才知道，现在离婚也是需要预约的，因为年后预约人数比较多，就排到四月份去了。

"经过这一个多月的朝夕相处，我终于知道了，我们只是假性亲密关系，根本不是真正意义上的夫妻！"

01 什么是"假性亲密关系"

假性亲密关系指的是两个人平时一起吃吃喝喝，滚滚床单很开心，也没有什么大矛盾，但是极少进行精神交流，遇到关键事情的时候很脆弱，关系维持不下去。

他们之间并无原则性矛盾。但是以前一直是异地，每次丈夫回家，大家都是开开心心一起做好吃的，不疼不痒聊聊天，虽然苗苗也渴望丈夫帮她，但是看到丈夫比较累，也就自己一个人包揽了大部分家务。

这次情况很不相同。朝夕相处，她每天不仅要管一家老小的吃喝，还要收拾孩子们搞得一片狼藉，丈夫也不帮忙。吵架的那天，她端着一盆衣服要去阳台上晾晒，一不小心碰到地上的东西，差点摔了一跤，脚都红肿了，眼泪在眼眶里直打转。丈夫抬起头冷淡地看了一眼，就低下头去继续打游戏了。

她刹那间就觉得不能留在这段婚姻里了。

苗苗的痛在于，她在婚姻里一直感觉不到被重视和心疼，她以为她能忍受下去这种日子，但她发现其实她错了，他们只不过是假夫妻而已：

——大部分时间都和和气气的，即便争吵，很快觉得没意思就算了。

——内心里真实的想法在对方面前无法诉说，也听不到对方真实的声音。

——隐隐约约看见了对方的需求，却选择视而不见……

在咨询当中，我们也经常会碰到这种关系。

这种假性亲密关系，最重要的特点在于，双方关系停留于表层，不能深入交流双方的真实情绪，也无法一起应对困难。就好比是撑起独木桥的木头底部早已经千疮百孔，虽然表面上看起来安然无恙，但是一旦遇到外力，就容易瞬间崩塌。

02 为什么我们会进入"假性亲密关系"

对于大多数恋人来说，关系最开始的时候，"无话不谈"会成为经常被描述的一个词。情侣之间彼此分享感受和细节，了解彼此心底的想法，从而获得一种"这世界上终于有人理解和懂我"的感觉。但很不妙，随着双方关系进入稳定或者是进入婚姻，情侣们通常会发现事情起了变化。

"吃了吗？"

"娃睡了吗？"

"没钱了。"

这些成为夫妻之间最常有的对话，而至于对方在想什么，情绪好不好，往往被淡出了彼此讨论的主题。为什么会这样呢？恋爱的时候那个懂我的人去了哪里？

（1）婚姻中的"情感禁闭"推远了我们彼此

欢言创办了一家女性品牌的公司，工作很忙，即便是回家，也经常在打电话。丈夫工作虽然不像她这么忙，但是他是做技术的，上班的时候脑力消耗很严重，回到家之后，只想休息。他们下班后的场景大多数是这样的：孩子跑去跑来想找妈妈玩，发现妈妈在打电话；跑去找爸爸玩，爸爸又比较敷衍；然后被怠慢的孩子就开始找外婆发脾气，和外婆吵架。

这个时候爸爸妈妈都冲出来教训孩子，孩子委屈地哭了。最后，大家哄好孩子不欢而散，各自怀着心思洗澡就寝。也不是不想深入聊聊，但欢言不知道怎么聊，知道一聊天就会免不了各自指责对方太忙不顾家庭，干脆不聊了。可各自在婚姻里的孤独，夫妻二人是感觉得到的。

心理学上有个概念叫作"情感禁闭"（brainlock），指的是双方"默契"地认同这种状态——共同保持情感上的麻木。这种麻木状态的一个很重要的特点是，彼此缺乏深入的对话，并不了解对方真实的想法和情绪，而为了回避可能产生的冲突和矛盾，干脆选择了不去碰触。渐渐地，双方就不约而同地只交流一些浅层次的吃吃喝喝问题，做个"酒肉情侣"。

我们无法回避的是，两个人必须借助问题与冲突才会暴露更深层次的问题，只有通过冲突后的和解与了解，双方的关系才会进入灵魂层面。如果没有这个解决深层次冲突的阶段，夫妻之间的感情只是停留在表面的和谐上，那么夫妻关系也是脆弱的，随时可能在外因的刺激下走向解体。

（2）不敢面对真实的关系，只好埋头

出现情感禁闭的原因，在于我们不敢往深处探索。那为什么我们不敢呢？

《广告狂人》男主人公唐·德雷柏（Don Draper）和妻子育有三个孩子。在外人看来，他们家庭很美满，妻子也一度这么认为。但是随着剧情发展，唐的另一面逐渐暴露：他的母亲是一位妓女，连他的名字都是盗用的别人的；他内心脆弱，出轨成性。这一切他从来都不敢告诉妻子，非常害怕自己真实的面

目被识破。直到妻子发现了这一切，一个完美的爸爸和丈夫的形象坍塌了，他们的婚姻也走向了瓦解。

在两性关系中，不少人也和这位男主人公一样，觉得自己的某些部分是不会得到真正的接纳和理解的，宁愿把自己脆弱和无能的一部分隐藏起来，转而向身边人展现积极能干的形象。双方就呈现出假性亲密关系。

而假性亲密关系中，夫妻双方内在的连接感是远远不足的，也就是人们常说的已婚比单身还感觉孤独。一个人不可能永远装下去，关系也是一样的。一旦有一方在刻意扮演，另外一方不可能没有感觉。长此以往，关系破裂只是时间问题。

实质上，你不能期望在关系当中，你在装或者压抑，对方还能够理解你，这是不公平的。

03 好的婚姻属于勇敢的人

史秀雄在《假性亲密关系》中提到，处于亲密关系的双方，对双方的差异心知肚明，但无论发生什么事情，都永远把两人之间的信任、亲密和爱放在第一位。

（1）夫妻双方要勇敢地面对真实的自己和对方

当夫妻双方因为各自立场和需求的分歧产生矛盾的时候，关系往往进入了比较深的层次。如果能突破这些障碍，夫妻关系会变得更为牢固。但遗憾的是，不少人在这个过程中放弃了。要么出轨另寻途径，要么停留于假性亲密关系中。

获得真正从内心感受到连接紧密、相互理解和支持的情感关系，并不是一件简单的事，它不亚于任何一次重大的人生考验。这是一场勇敢者的游戏。

比方说，一个看起来很符合标准意义的好丈夫，负责、顾家、能挣钱的男人，但是另外一面也许是很喜欢采用冷暴力，让妻子的情绪得不到释放。

而释放情绪恰恰是妻子特别渴望的部分。面对这种情况的时候，妻子是另外寻找伴侣，或是在婚姻中选择压抑，还是看清楚自己真实的需求和对方的特点，选择一边享受安稳，一边带领丈夫释放心中的担忧，找到良好的沟通机制，从而达到更好的共振？

这并不是一件容易办到的事情，因为真的需要夫妻二人相互鼓励和相互信任。

如果夫妻之间能够放下害怕破坏关系的担忧，勇敢地坦诚自己的需求，并鼓励伴侣表达自己的真实需求，而不加以评判，这就是一种极大的勇敢，也会对加深彼此的关系很有益处。

拥有很多情绪和脆弱的人，如果选择在夫妻间去分享和探讨，而对方又能够勇敢地"接住"，就会做到既疏解了自己，又加深了彼此的连接。

（2）夫妻双方要允许对方"如其所是"

许多夫妻把精力花在对对方交往其他伴侣围追堵截，或者是满足于表面和谐的假象当中，却忘记了一件事：

夫妻之间连接紧密的一个不可或缺的条件是，需要"允许对方如其所是"。

这是听起来简单，却不容易做到的事情。因为不少人在成长的过程中缺乏这样的体验。小的时候没有选择喜欢的食物的自由，长大后也没有选取自己大学和专业的自由。一个没有怎么享受过自由的人，让他允许别人"如其所是"是不容易做到的事情。

朋友茵茵夫妻看起来差别很大。茵茵喜欢热闹，所到之处都是呼朋唤友；她老公喜欢安静，不喜欢额外的社交。

在他们长久的情感当中，彼此对对方的生活方式都不加干涉，理解彼此的差异，也允许对方继续按照之前的习惯和模式生活。茵茵不会强迫老公去参加不愿意参加的聚会，老公也不会黏着茵茵让她只陪他，而是，各自在自己喜欢的方式里生活着，回到家，再彼此分享和汲取力量。正因为如此，虽然婚姻已经20年了，但是每次看到他们都很甜蜜，羡煞旁人。

在婚姻当中，很多人都会因为这样那样的目的，渴望对方按照自己的期望去发展。但对方是独立的个体，只有双方本着最大的诚意，允许并鼓励对方成为他自己，这种关系才是真正的爱，也是不可替代的爱。

试想啊，如果你的梦想在父母和老师那里得不到理解和支持，却在伴侣这里得到了，你那些脆弱、不敢袒露的情绪都敢释放给伴侣，这对人生而言，是何其幸运的事情啊。这才是我们每个人内心深处最渴望的情感。

我是爱你的，你是自由的。不是爱情不可相信，而是我们有没有勇气通过婚姻创造并体验真爱的滋味。

五、收入锐减、公司裁员、家庭危机：
　　如何面对失控的人生

　　最近，一个做线下教育培训的朋友时常找我聊天，打听各种各样的政策，不断地拿小道消息向我求证。

　　我理解他的焦虑，如果疫情几个月不过去，孩子们都不能去上课，对他的企业来说是一个巨大的挑战。

　　他还算理性克制的，群里几个做旅游、教育培训的人都开骂了，一个劲抱怨这场突来的疫情，抱怨那些他们眼中应该负责的人。

　　我能理解他们的焦虑，因为看起来有希望、有把握的生活状态被打破了。

　　他们经济实力雄厚，认真勤奋，一切看起来欣欣向荣。没料到因为一场疫情，原本自信满满的生活变了。或许是公司倒闭，或许是失业，甚至是家人的生离死别……

01 失控，是生活的常态

每个人都渴望生活是可控的：健康的身心、富足的物质、有前途的事业、幸福的家庭……

我们可能很难想象，生活可以在一个月内发生翻天覆地的变化，连出门吃顿好的都成为奢侈。忽然之间群体性地去囤菜买口罩，给人一种穿越到小说里的感觉。

这或许也从某种角度提示我们，人生并不是那么可控的，我们平日里习以为常的东西，可能在一夜之间失去。

听起来很残酷，事实就是这种失控，并不罕见：

你一心一意爱着自己的老公，自以为幸福无比，忽然某天他对你说："我们离婚吧，我爱上了别人。"你心口疼得喘不过气，也还要硬着头皮爬起来照顾嗷嗷待哺的娃。

顺风顺水的生意，忽然遭遇一场骗局，输得体无完肤，看不到东山再起的希望。

一直是别人口中的骄傲，却在某天发现再也无法顺利地入睡，你开始吃药，但还是发现自己会盯着天花板到天亮……

一位来访者说，丈夫出轨被她发现了，他们两人都没有真心放弃婚姻的意思。

丈夫虽然不愿她提起这个话题，但也从行动上表明了诚意，周到地给她的父母送礼物，花更多的时间来陪伴孩子和她。就是嘴上很倔，一直不愿意敞开聊这件事。

从理性上来说，她觉得放弃家庭不是她的本意，也看到了丈夫的转变。

可她还是会忍不住对丈夫冷嘲热讽，总怀疑丈夫将来还会出轨，几乎天天等丈夫睡着后翻看他的手机信息。

她发现自己的心态已经严重失衡，但又完全控制不了自己。

很多人和她有同样的困惑，当处在失控的状态中，要怎么与自己和解？

02 为什么我们会感觉失控

失控的反面，意味着可控，在掌握之中。一定程度下的可控性符合人内心稳定的需求，也是合理的。但如果过度强调可控性，结果却往往事与愿违。

为什么我们会常常感觉失控呢？

一方面，对现状和未来的不确定性，让我们感到缺乏安全感，焦虑，甚至恐惧。

心理学家弗里斯顿（Freeston）等人曾提出"无法容忍不确定的程度"的概念，被认为影响着"不确定""焦虑"和"恐惧"之间的相互关系。

也就是说，当我们面对的情形越不确定时，我们的焦虑程度就越高，越容易感觉到自身的无力和恐惧。

比如之前报道中，一名在家自我隔离的孕妇发烧咳嗽，但又不敢去医院确诊，怕被交叉感染，她紧张得整夜整夜睡不着觉，直到求助心理医生。这正是因为她无法确诊病情，才感觉到巨大的恐慌。

另一方面，我们感觉到失控，也在于我们自身要赢得"可控人生"的反噬力。

如果想营造稳定可控人生的欲望太强，哪怕我们事事要求自己做到完美，往往也难如人意，一旦期望落空，反而会有一种强烈的失控感。

前几天看美剧《了不起的麦瑟尔夫人》，主人公是极其自律而美丽的女人，她精准地控制着自己每一步的人生：上大学、结婚、生两个孩子……

生活也按照她的预想展开，姣好的容颜、像宫殿一般的公寓、相爱的丈夫都一一诠释着她的幸福。

然而，即使如此精致，她的丈夫还是和众人眼中极其平庸的女秘书好上并离她而去了。她赖以生存的物质条件也在顷刻之间瓦解。

和很多遭遇婚姻变故的女性一样，因为生活突然失控，她很快陷入了失落和痛苦中。

很多时候生活就是这样，在一切顺风顺水时，给你猝不及防的打击。你控制人生的渴望越强，对自己或者他人表现出更多期待，摔下来的时候就更痛。

03 以开放的态度接受无常

人生本就无常，你以为的不变本身就是幻境。

与其把精力花在懊悔过去和担忧未来上，想牢牢抓住某些东西，不如彻底地以开放的心明白这三件事：

（1）无常意味着多变，同时也意味着我们时时刻刻都在迎接全新的瞬间

正如有句话说的，"充实的生活就是永远在无人之地，体验全新和新鲜的每一刻"。

很多女性纠结于丈夫会不会再次出轨，但或许需要明白，你和他是进入了一段新的关系，你们早就不是过去的你们，你们的未来也需要靠自己去创造。

当前文提到的来访者明白这一点的时候，她的焦虑感就在下降，再加上丈夫与她感情基础不错，自己又积累了不错的资本。当她以更加开放、新奇的态度看待他们的婚姻的时候，她发现她过去既不了解丈夫也不了解自己。几次交谈后，两人感情也有了好的转机。

（2）失控，会让我们加速成长

前几日脑中一直蹦出一个词——"逆来顺受"。放在以前，会觉得这个词意味着窝囊和自欺欺人，但现在的我，却有了更深的理解。

逆来顺受，更多的是说面对逆境展现出来的一种完全的臣服。正因为明白了人生在世难免遇到一些不如意的关口，才会不去做无意义的对抗。

当这种对抗力消失的时候，恰恰是痛苦迅速减轻的时候。取而代之的是，在认清事实、勇敢承担糟糕结果的基础上，去做自己能做的，其他的都交给命运。

同时，在认知上明白，失控不是惩罚，只是一种让我们迅速成长，更好地为自己的生命负责的契机。

麦瑟尔夫人正是在接受了丈夫选择了一个各方面都不如自己的女性，同时自己的经济陷入窘困的事实基础之上，发现了自己脱口秀的才华，才找回了真正的自己，活出了自己的精彩。

（3）面对失控，你要为自己的生命赋予意义

想从失控状态中走出来，离不开规律的运动作息，也离不开具体可落地的目标与计划。当然，最不能忘记的是，我们要自己给自己的生命赋予意义，在彷徨中找到方向。

《活出生命的意义》的作者弗兰克尔，是一位奥地利心理学家，二战时，曾在四个集中营内艰难地生存，生命基本安全都得不到保障。

但因为他一直想念着妻子，坚持写作和鼓励狱友，给自己那么艰难的岁月赋予重要的意义，所以他熬了下来。他说：

"人类最后的自由，是在已给定的环境下选择态度的自由。环境可能是无法改变的，我们唯有改变自己的态度。"

当我们为自己的生命赋予意义，才能熬过很多个失控的日子，重新找到生活下去的秩序和动力。

六、"我奔四，竟然爱上了一个 22 岁的摩托少年"

01 "我找回了第二春"

每天照例会在群内冒泡的朱朱最近几个月基本看不见人了。问了好几次，结果给我们甩出几张帅哥照片。再问几遍，她又陶醉地甩出几段采访视频给我们。

"这是谁？"

"弟弟王一博。"

听过就算，作为时常以理性来提点自己的老母亲，我们并没有放在心上。但很快，朱朱告诉我们什么叫实力迷恋。

她打点完家里的事情后，经常一个人看弟弟的视频到半夜。她在各大粉丝论坛里面搜索弟弟的消息和只言片语，然后，发到群内来跟我们分享她眼中"努力，善良，帅气，有思想"的弟弟。

她告诉我们弟弟过去的辛苦生活和不易，在节目中多么为其他嘉宾着想。她甚至不断地梦见他，从线上走到线下，去参加古风聚会，和粉丝一起为心中的他加油呐喊。

她在讲故事的时候，隔着屏幕我们都能感觉到爆棚的少女心和喜爱之情。这个时候，群里另外的小姐姐不干了，表示不能理解她的这种"爱恋"，有时候还抛出几句不中听的话来，一时间双方甚至战起来。

年少时分没能疯狂地迷恋一个人，人到奔四甚至更大的年纪，才开始像少女一般迷恋一个远在天边的人，听起来是有点虚幻，甚至不靠谱。所以，很多中年人追星都是隐秘地进行的。但是，他们追星真的是实力上线的。

当年轻人对着手机屏幕狂喊"哥哥好帅，我好爱你"时，她们已经默默地查好演唱会的日程并填好休假单，买好飞机票直奔主题了。没票了？那就黄牛票，什么也阻挡不了我想去见他的那份心以及我要追求的那份愉悦感。

要知道，前不久，王一博和肖战主演的电视剧《陈情令》在南京举办国风音乐演唱会，一向不出门、十分节俭的朱朱想也没想就直接掏几千块大洋买了票去见她的心头爱。

前段时间，著名的"坤伦对决"以周杰伦 1.1 亿创纪录影响力成功霸榜超话而终结。在这场轰轰烈烈的打投战中，不玩虚的中年人实实在在地刷了波存在感，也让中年团体成为追星群体中的一股"泥石流"。

与年少时的追星相比，中年人追星的狂热并不逊色，甚至是拥有了更大的实力和底气，但也经常因为得不到理解而显得有些不好意思，只是默默地做支持粉丝的事情。

02 "我看见他时，就像回到了少女时代"

最近上映的《少年的你》让易烊千玺又火爆了一把。我的一个大学同学怯怯地在群里说好喜欢他。

"那孩子多好啊！在那种环境下都那么努力，十几岁就离开父母去奋斗，眼睛里又有超越同龄人的睿智和清醒。"

我的这位同学，跟她的偶像过着截然不同的人生。从小学到高中一直在家里，爸爸妈妈把她照顾得好好的；工作以后，又选择了本地就业结婚。一切顺顺利利，但也常常感到人生缺了点什么。

"其实我知道，他就是我渴望成为的那种人，专心做自己喜欢的事情，享受其间，并不太在乎别人怎么评价，也不会被父母的意见捆绑。"

我们迷恋一个人，甚至是选择性放大他的优点，从某种程度上，是因为：我们从他的身上看到了我们渴望拥有而未曾实现的品质；我们从他们身上看到了真正的而未曾释放的自己。

> 以前，觉得追星就像隔着云彩看星星，花钱又费劲，但现在，追星成了我生活中唯一的娱乐，提供稳定的幸福感，自己寻找的快乐，是别人夺不走的。
>
> ——"真实故事计划"

那些压抑在心底的渴望，那些听从他人需求而做选择的不甘，到了中年，都在暗戳戳地找机会涌动出来。当你在你喜欢的偶像身上看到某些东西的时候，仿佛约好了一样，所有的热情都在短时间内喷涌而出。

如同美剧《致命女人》中的贝丝（Beth），之所以在和抢走自己丈夫的第三者相处的过程中，反而喜欢上她，尽力保护她，并产生友谊，恰恰是因为她发现对方就是年轻时候的自己，有梦想，有追求，有激情。

她自己早已经在长久的婚姻生活中因为屈从丈夫的需求而渐渐丧失了自我。

丈夫说弹钢琴打扰他，她就放弃了弹钢琴；丈夫敲敲咖啡杯，她就马上去给他倒咖啡。她以照顾丈夫为荣，并一直未曾觉得有什么不妥。直到遇到丈夫出轨，看见了第三者的样子，方才激起了她真正的自我。

另外一面，中年追星，是对自己按下了生命的重启键。但这并非说，只有追星才可以达到这个目的。

对大多数人来说，人到中年，实在是有太多的平庸感和无力感，年少时那些闪闪发光、不着边际的梦想，都消磨在"无意义的摇摆"、流水般的生活当中。

"我为什么而活？我存在的价值何在？我要怎么样活得更轻松一些？……"这些都是困扰很多人的问题。

偶像的出现，就如同照进生活里的一道光。忽然之间，他身上的美好唤起了自己身上的美好，对他的迷恋像是把我们带入了第二春，让我们重新找到了恋爱般的感觉。

有人说，年轻人追星打榜，中年人追星打钱。其实不止于此，尽管中年人搞不懂打榜怎么玩，数据怎么刷，甚至不知道什么是超话，但这并不影响他们为偶像做事，毕竟——为了偶像什么都可以学。

这种学习，还会落实到自己生活当中。就如同某些人看见李健自律而不放弃学习，就捡起来很久不碰的书本，去鼓励自己学习，靠近偶像；看见杨超越不放弃梦想，超越阶层，便重新开始锻炼身体，抛弃了自己深埋在琐碎生活里的慵懒。

原来，我还是会心跳加速；原来，我有那么大的勇气改变生活！

我们迷恋对方，根本上迷恋的还是那个青春焕发、活力四射的自己。

正如有人所说："所谓的中年追星，追的是少年，忆的是青春，解救的，则是一场日渐僵化的中年困局。"

03 "喜欢我的时候，也请你们喜欢自己！"

朱朱追星，得不到家人和朋友的理解，但我是能理解的。"你喜欢的，是被激活的自己。"她回了一句："我就知道你懂。"

窃以为，不管是年轻人还是中老年人追星，只要不是过分到荒废自己正常的生活，那我们不仅需要理解和宽容他，还可以鼓励他追各个领域的"爱豆"（idol）。

前不久我开车的时候听了李健翻唱的一首《父亲的散文诗》，泪流满面。紧接着，我毫不迟疑地去异地听了他的演唱会。尽管我根本算不上粉丝，但现场带给我的感动和精神享受难以言喻，我感受到了大量的温暖和极其丰富的情感滋养。

追星所焕发的力量是巨大的，很多在各个领域里做得出色的人士，在人生的各个阶段都有自己的偶像。

只不过，我们追星的范围，可以更为扩大一些，不仅仅局限于娱乐圈。多读读个人传记，多关注各个行业的优秀人士，多关注你身边的智慧人士（包括你的父母），汲取精神力量，是很富足的体验，也有利于我们自己的成长。

同时，我们还需要多关注当下的生活，避免追星所引起的"失重感"。

不少的人，在追星的过程中，甚至在一些课程中体验到激情、生命力，但回到现实生活当中，却过不好当下的生活。

如果你发现了这一点，或许意味着你的目光，要更加地关注自身的局面、自己内心的成长，而不是把更多的目光投向远方，始终"生活在别处"。

我们所有的努力，其实都是为了过好当下的每一刻，而不是活在未来或梦中。

如果忽视当下的生活，活在梦境当中，我们会迷失，会不能把我们所学到的东西融入我们的生活。那种迷恋，就成了一种逃避。

无论你是在追星或者在别的什么事物上发现了自己的激

情，请别忘记通过这些事物滋养你自己，回到你的内在去找到力量，更别忘记了当下真实的生活，那才是真正有益于你和你周边人的。

七、你可能误解了负面情绪的意义

01 积极努力有时也是一种逃避

乐乐是朋友圈出名的打卡狂人。早上五六点，她就起床读书运动，也能经常看到她为自己团课，间或还能看到她在学习插花、烘焙，参加线下读书会……半年前她刚刚和出轨的前夫办理了离婚手续，自那之后，她仿佛变了一个人一样，从一个贪吃贪睡没啥心思的人变成了一个特别追求上进的人。

我在佩服她的同时，总是隐隐约约感觉到哪里不对劲，因为这种呈现和我印象中的乐乐差别太大了。

一天晚上，我忽然收到她的微信："怎么办？我快要崩溃了，你是学心理学的，帮帮我！"

仔细了解下来，乐乐说，她听了很多的课程，也希望自己快速从离婚的伤痛中走出来，就逼着自己学习健身，虽然确实是有收获，甚至有时候还能忘记伤痛，但不知道为什么，独自一个人的时候，觉得非常难过和痛苦，甚至有一种快要崩溃的感觉。

"比死还让我难受，哭都哭不出来。"

"如果你觉得累，先停下这些你认为'正确而积极'的东西，先跟自己相处一会儿。"我建议。

"不是说走出伤痛的最好办法就是努力去改变吗？我做的都是啊！"乐乐不解。

乐乐的困惑并不特别，似乎你一睁开眼睛，就能听到这个世界在呼唤积极，呼唤正能量：

"与其愤怒，不如努力去改变。"

"与其陷在悲伤当中，不如通过学习让自己增值。"

"把正能量传递给每一个人。"

我们不否认积极努力调整自我的良性意义，调整自我的方式的确离不开运动和学习等方法，但其中有个很重要的信息：

在明明低沉的状态下，过于追求积极努力正能量的背后，同样是对自身情绪的一种逃避和否认。

在自身的状态还不适合那么做的情况下，逼迫自己去"积极努力""正能量"，不仅不能够让自己感觉到真正的力量，反而增加了一种新的消耗。

02 如何读懂负面情绪

为什么说在状态不佳的时候，过于注重积极正能量，并不能带来真正的良好状态呢？

（1）情绪只是一个送信人

过于强化正能量的危险之处就是试图以自我暗示的迷幻性来掩盖人脆弱面的客观存在性，并且以过分强调积极面来逃避对消极面的思考。

情绪是一个送信人，本身是中性的，人们通常所定义的负面情绪在提醒你，什么方面出了问题，需要调整。如果你接受这封信，愿意打开信来看，并且进行解读和调整，那么这个送信人就会离开；如果你拒绝接受信，对它说"别烦我，我正在积极学习呢"，那么它过几天还来找你。

这一点更体现在一些面临高压工作环境的群体中。

我的一位长辈是销售经理，他有多忙呢？一年几乎只有一个月在家，其余时间基本都在飞机上或者酒店里。对于忙碌的工作节奏，他也一直抱着"好男儿志在四方"的态度去面对。因为是乙方，需要不断去取悦甲方，满足甲方的需求，很多时候他也会满腹委屈，但是为了拿下单子，他也只能百般忍耐。在家里，他又是长子，一大家族的事情都需要他操心，他也一直是大家认为的坚强、乐观的人。可是从今年开始，他因为身心出现明显的抑郁障碍，所以没有办法上班了。在接受心理咨询的过程中，他才明白，自己过去的成长和工作环境都一直不允许他暴露脆弱，宣泄情绪，他也一直以坚强来要求自我，时间长了之后，身体就出现了问题。

比起所谓的积极、乐观、阳光、充满希望，人类更基本的渴求是独立、自由、各得其所。

（2）你所逃避的不良情绪，有它积极的意义

记得钱锺书先生在他的《论快乐》里说过这么一句：

"永远快乐"这句话，不但渺茫得不能实现，并且荒谬得不能成立。

那些一味强调或每天都在寻找和宣扬正能量、否定负能量的人，其实很可怕。

因为真正的正能量，本就源自我们和负能量相处的过程。

负面情绪出现的时候，不少人急于摆脱它。然而很多人不知道的是，负面情绪有它积极的意义，某种程度是启动了人体的自我保护机制。

以常见的压抑为例：当你的上司批评你的时候，出于保住工作的原因，哪怕受了再大的委屈，你也不敢反驳。这时候，压抑情绪就会出现。此刻的压抑出现，是出于对你暂时没有能力反抗的一种保护，有它积极的意义。只不过你可以通过其他的疏解方式去排解出来，从而避免对自己身体器官的侵害。

霜霜的婚姻生活冷冰冰的。丈夫常年在外喝酒打牌，半夜回家，她有时候连着十天半个月与丈夫没有什么沟通，无论她有任何改善二人关系的提议，都遭到拒绝。霜霜每天坚持上班、运动，和父母一起带孩子，过得看起来非常"积极"，她说一切都没有问题，她可以积极努力去改变。可是，在一次咨询当中，在引导中她忽然发现自己一直在欺骗自己，看起来积极的生活

并没有改变她婚姻生活的糟糕，她的内心一直对"我的婚姻没救了"这件事无法接受，面对丈夫的冷淡她也一直自欺欺人地自我化解。在长达半年的时间里，虽然她做了很多事情，但是对于自己糟糕的情绪没有转移作用，解决不了根本问题。

03 如何面对负面情绪

当你身处不良状态，有不良情绪出现的时候，可以尝试以下步骤。

（1）承认事实

人遭遇重大刺激事件，出于本能的保护，最开始很容易拒绝接受事实。比方说，一段关系的结束，亲人的忽然离世，等等。由于这些事情对人的刺激性过大，因此人恨不得躲起来，或者是告诉自己那不过是一个梦：

"他真的不爱我了？不可能。他一定是被别人勾魂了。"

"这不是真的，我一定搞错了……"

虽然有点残酷，但的确如此。要想从一段状态不佳的情况中走出来，首先就是要承认事实，承认情绪。

"我的公司的确破产了，我们的确不再相爱了，我内在特别不开心，……"

当初崔永元之所以能够让自己的抑郁症得到积极治疗并康

复，很大程度在于他不讳疾忌医，没有用工作去掩饰，而是让这件事情曝光，让全天下的人知道。这种曝光，很大程度上疏解了名人效应给他带来的压力，也有利于他康复。

（2）在承认事实的基础之上不妨允许自己"丧"

当你觉得自己不开心、很颓废、很丧的时候，请给自己时间去疗愈。这段时间不要强迫自己一定要做什么，或者一定要避免什么。

你越是用力去对抗，你想驱赶的情绪越会滞留得更深更久。比较合理的态度是，让自己的这些情绪在身体里流淌，当它们遇不到阻力的时候，反而消失得更快。包容情绪，是让能量顺利流淌的钥匙。

如同前文所说的乐乐，当她不再逼自己积极进取，只是注重睡眠饮食，想哭就哭，想笑就笑，想聊天就找朋友，反而开始觉得吃简单的饭菜都很香，身体和情绪也开始渐渐好转。

如果你的状态不好，那就意味着你的能量水平是比较低的，这个时候处事过于积极，往往会使你发现，做什么事情什么不顺，还不如像乐乐一样，无为而治，静修内功。

（3）合理运用情绪给你的能量

如同前文所说，负面情绪也有它积极的意义，要善于抓住这次邀请和机会，去和真正的自己相处，更好地了解自己，获得成长。

电影《态度娃娃》的女主角，小时候养的一条金鱼死了，她尝试表达自己，但是被家人堵回去了。慢慢地，她成为一个不善表达的人，负面情绪像被按下删除键，从人生字典中被彻底抹去。她成了一个温顺但是不快乐的微笑娃娃。但最终，她还是抓住了让自己不舒服的体验感，敲碎微笑的面具，回到金鱼死掉的小时候，终于释放真实的情绪，哭出声来，做回了自己。

当然，在这个过程当中，适当的积极方法是必要的，只是这种节奏应该由你自己当下的状态来把握，不由任何专家或者权威来把握。

比方说读书、写作、运动以及优质的课程，都可以。只要是让你感觉到力量在复苏，身体的活力在被激活，那就是对的。

CHAPTER 5

我可以为自己做什么

为自己负起全责

一、性需求，不该分性别

"单身的时候怎么解决性压抑的问题？"

10 位女性中，有 6 位有性工具。"工具用起来和伴侣很不一样，当然我还是更喜欢爱人。"

01 "我是女人，我也喜欢色情片"

女性们的感受，是很有代表性的。也有导演听到了女性朋友们的呼声。

豆瓣上评分 8.1 的美国纪录片《诚邀辣妹》通过 6 集短片讲述了网络时代的性爱和性幻想。

令人印象深刻的是，这个圈子里有一些女性摄影师和制片人，在坚持着做一份难以得到其他人理解而自己却很认同的事业——拍女性喜欢的精致色情片。

苏丝·兰德尔（Suze Randall）是知名色情杂志《花花公子》以及《好色客》的首位女性摄影师。她也是最早的女性成人电影导演。她的女儿霍莉·兰德尔（Holly Randall）也是一名色情片制片人。母女都认为，女性拥有正当的、通过色情片去享受的权利，她们想用最好的演员、最好看的妆容和最精致的布景道具拍出让女性感到愉悦的影片。

她们想尽办法克服诸如不被理解、资金受限等限制，展现出女性视角下的女性力量感、丰富的性幻想。不得不说，看了纪录片之后，非常渴望看一眼她们所执导的片子。

她们所关注的问题是不容易被看见但却客观存在的：大多数色情片在男性视角下拍摄，只符合男性审美。但女人一样好色，有着丰富的性幻想，讲究细腻的情感。换句话说，女性需要她们喜欢的成人片。因为：

男性和女性对性方面的需求是平等的，女性的性需求值得正视。

02 女性的性压抑来自哪里

然而从现实来看，女性普遍存在性压抑。

爱爱乐是深圳一家"大尺度"的租赁式性爱体验馆，提供硅胶娃娃，主营业务就是性爱服务。自 2018 年 9 月开业至今，每天都有来放松的顾客，主要服务于周边工厂的单身男士。不过，和其他同类门店类似，爱爱乐的门口挂着的牌子显示，女性和未成年人被一起排除在外。

与男性不断在公开场合谈论性，开玩笑，随处可找到娱乐场所相比，女性的性需求显得更为隐秘，也表现得更为压抑。

首先是来自长期以来的文化教育所带来的深刻影响。

我们接受的教育会不断地告诉你一个"正经"的女人是什么样子的：好好学习，衣着保守，尽量少的恋爱和性经历，专一，忠诚。一旦有悖于此，不少女性就会在内在升起一股惶恐和不安。

芊芊和男朋友一起买了房，与其他人理直气壮地加名字不同，她要求不在房产证上落名字。这让朋友们觉得奇怪。经过了解，原来，她担心自己若不能和现在的男友结婚，未来的丈夫会介意她和别人有过那么近的关系。

和芊芊深聊得知，她的母亲和其他家人不断在各种场合暗示明示她："女人一旦跟一个男人发生了性关系，那就得一辈子跟着这个男人，否则其他男人会嫌弃。"

我们很惊讶于在今天不少女性还持有如此落后的性观念，但这却是一部分女性从内心深处相信的观念。在这样的信念下，哪怕她们遭受了背叛、无性婚姻，她们也很容易抓住生命中的那个男人不放。

再者，事业和家庭的双重压力，使得女性在现代的家庭生活中倍感吃力，性成了奢侈品。

中国人民大学性学专家潘绥铭曾公布一项调查数据，中国有 21% 的女性正在承受无性婚姻。

快节奏的生活、抚育孩子带来的焦虑和疲惫、难处的家庭关系，一起绞杀了女性的性欲。如果再碰上一个帮倒忙的队友，两人之间缺乏情感交流，性便成了麻烦的奢侈品。

另外一个让女性不敢大胆享受性、感受不到性乐趣的原因在于，我们给性贴了太多的标签。"性等于生育""性是男人喜欢的""谈论性是放荡的"等。即便是有伴侣，女性也很容易因为害怕怀孕，对性缺乏了解，降低了对性生活的渴望和质量要求。

一名遭遇丈夫冷落一年的妻子非常绝望地发现，她丈夫居然出轨一名在娱乐场所工作的女性。丈夫坦言"和她一起更放松"。她知道他说的是性生活，但她真的感到很委屈——长久以来的教育并没有给过她任何这方面的学习机会，她和很多女性一样，只不过是人们眼中经历很少的"正经女人"而已。

03 如何接纳自己的性需求

性压抑或者不满足有什么症状和后果？

①总觉得心里痒痒的，缺点什么。

②常常出现无名之火，身边人反映脾气差，不好惹。

③月经不规律，出现妇科病，衰老加速。

…………

如果你已经感受到了自己在性方面的压抑，你或许可以尝试从以下几个方面去试试。

（1）"道"：更新观念，大胆享受性的乐趣

性需求和其他生理需求一样，只是我们的一种正常需求而

已。大胆看见并承认自己的欲望，然后创造机会去满足，非常重要。

我们需要抛弃"女性过性生活是被占了便宜""女人享受性是放荡而肮脏的"等观念，取而代之的是，我的性我做主，不因为性而去勉强自己爱一个人，也不因为有过性经历而去批评自己。

不管是短期还是长期的性关系，只要是不伤害他人和自己的，双方愿意的性行为，都值得尝试。

很多年前看《东京爱情故事》，莉香对着初识不久的完治说"我们做爱吧"，那么纯澈和自然，让人印象深刻，当时深深地感受到了中日影视作品和文化方面的差异。

时隔多年，我们的艺术作品也正在越来越大胆地表现这一面。姚晨所导的电影《送我上青云》里，女主角向男主角表白，不是"我喜欢你"，而是"我想和你做爱"。

这些都是女性开始尽力赢取在性上的话语权的表现，也是在呼吁女性要更加尊重自己的性意愿。

（2）"术"：积极学习，愿意精进

如果你在性方面的知识仅限于"配合男性"，那我们进步的空间还很大。

作为女性，我们有责任搞清楚自己的性喜好，也有责任通过学习和探索，知道怎么满足自己才能让自己身体愉悦。

在性生活当中，我们需要大胆地和伴侣表达自己的需求，

并且愿意根据对方的需求做出调整。我们可以用情趣用品探索自己的性需求和满足自己，观看喜欢的色情片，甚至是参加专业的学习，这些都是我们可以尝试的。

让人欣喜的是，女性在这方面是有突破的。

《巴黎人报》在 2020 年 4 月把某女性情趣用品品牌的业绩报告晒了出来："美国销量比预期多出了 75%，法国多出了40%，更厉害的是加拿大，多出了 135%。"

中国女性对情趣用品的喜好也是有数据支持的。2016 年天猫大数据显示，女性情趣用品销量一年就增长 11 倍，震动棒的销量增速在 51 倍。

无论男女，我们很多人的性知识不是来自长辈，而是来自色情片和书本。然而，很多色情片里面的性是扭曲的，甚至是压制女性的。这便是女性导演想要影响女性性观念的重要动机。

如果真的有高质量的女性视角的色情片推出，不得不说是女性的一种福音。

（3）如果暂时没有伴侣，可以将性能量发挥到其他领域

如果你暂时单身，也并不满足于短暂的性爱，可以尝试将性能量转化到其他领域里去。

性能量控制不好会成为一种较强的破坏力，但同时也是一种创造力。它常常给我们带来旺盛的生机和热情。

不管是投身于让你安身立命的工作还是你喜欢的艺术、运动等，都是可行的。一旦你将这种力量利用好，很可能会迎来

不错的人生成绩。

性代表着我们的生命力。女性一样有顺其自然彰显的权利，正如《查太莱夫人的情人》所写："我相信，当肉体生命被唤起之后，肉体生活是比精神生活更了不起的现实。"

二、明白了这点，你就明白了婚姻中所有的问题

01 "都是你的错"

最近接待了一名陷入婚姻困惑的来访者，她的诉求很直接：希望挽回她要离婚的丈夫。

她认为他们之间矛盾的主要焦点集中在婆媳关系和亲子教育上。婆婆在她口中是一个恶婆婆的形象，挑剔她事情做不好，在她和丈夫之间挑拨离间，甚至是吃醋她和丈夫的关系，连带她儿子也挑她的各种不是。

虽然并没有原则性矛盾，但长期的争吵和分歧让彼此都感到很累，最终她的丈夫提出了离婚。

我们当然能理解她的各种情绪和不满，也深深理解她面对丈夫离婚诉求的慌张和不舍。

可是很遗憾，在一次又一次的咨询当中，我们不停地听到她一直在指责丈夫和婆婆，以及这段婚姻当初有哪些埋藏的问题，可唯独没有听到的，是她自己的反思和成长。

我也曾试图引导过她直面自己的关系模式和人生信念，每

每就像是一拳打在棉花上。她态度良好，点头说是，但并无实质行动。我们忽然就理解了她关系的症结所在，在她的认知里：

问题出在别人身上，出在婚姻身上，但我已经尽力了。

你无法叫醒一个还没有痛够，指望把人生困难寄希望于外包的人。当你自己都不愿意拿出决心和行动力来改变的时候，世界上是没有仙女棒可以让你心想事成的。

在生活中我们也经常会听到这样的倾诉：

"我觉得他原生家庭根本就没有教他怎么经营婚姻关系！"

"我还是离婚算了，这样的婚姻没有必要继续下去了。"

当婚姻遇到问题的时候，我们肯花时间精力来研究，来思考或者接受心理咨询，这点毋庸置疑是值得鼓励的。因为我们好好研究这件事，本身也说明了我们在为这件事情努力。

你可以把婚姻中他人的问题找出来，让自己感觉更加好受点，但这对于从本质上解决问题的帮助并不大。

有时候面对朋友们义愤填膺的倾诉，我会毫不客气地说："多反思你自己。"他们问我："明明是别人的问题，却往自己身上找原因，这不是和自己过不去吗？"

不是对方没有责任，但对方的责任是他自己需要总结的，我只需要总结属于我自己的那一部分，以便下一次做得更好。

02 事实是什么

遇到婚姻问题之后，我们很多人走过的一个路程大抵如此（以出轨为例）：

承认事实—在承认事实的基础上安抚并允许情绪（哦，他真的不爱我了，哭个够吧）—分析自身原因（我的情感模式如何？我对婚姻和人性是不是了解不够？）—做出改变或行动（接受咨询，学习锻炼，照顾好自己）—成长反思（原来我有这么丰盛的能量），积累营养。

但很不幸，不少人倒在了第一环节，以至于长期无法从那件事情或者问题中走出来。而智慧的人，会把这个流程走完，甚至是没有进入第一环节，很快接受了不愿意接受的事实。

经常听到人说"我的命真苦，我怎么才能有幸福的婚姻"。

可仔细看下来，他只不过把自己的角色定位于婚姻当中的受害者。老公挣不到钱，老婆不温柔，孩子不听话，婆婆难处，等等。

那些觉得自己命苦，无可奈何的人，不妨去多看几遍《哪吒之魔童降世》。

哪吒是以魔童的身份降临到这个世界的，遭到除了父母外的唾弃和厌恶。但最终，他冲破了自己的身份桎梏，发出了"我命由我不由天"的呐喊，用自己的信念和行为改写了自己的剧本。

我们碰到的婚姻问题甚至是人生问题，很大程度上是由我们的信念以及信念主导下的选择决定的。

我们持有的价值观和婚姻观主导了我们在恋爱或者婚姻中

的选择，而我们对于生命、人性和婚姻的理解深度又常常影响了我们对待伴侣和其他人的方式。

出现问题后，长不大的"宝宝"们想的是"都是他 / 她的错""我接受不了"，可创造者想的却是"这是我选择的，我认"。咬着牙熬过去，看看能做什么甚至是不做什么。就算是选错了，那也还有纠正机会的。

03 我可以学到什么

在我们成长的过程中，会接触各类知识、生存技能，但很遗憾几乎没有人认真教过我们婚姻里的智慧。有人幸运地从父母和旁人那里习得，但大多数人只不过在并不良好的示范面前，一路跌跌撞撞前行。

很多人都感叹，婚姻不易，但同时，婚姻其实是一个让我们深刻了解自己、同理他人的最好的镜子。在婚姻生活当中，我们有机会深刻地暴露属于自己最不为外人所知，甚至不为自己所知的一面：

"啊，我竟然如此擅长推卸责任！"

"我优雅的外表下怎么会有那么多不可理喻的情绪？"

"我竟然也会出轨？我是不是渣男？"

……………

从接触的大量婚姻关系问题的咨询来看，排除一些极端情况外，大多数婚姻问题的根本都指向了自己。

一方面，这并非说，你要一个人扛起婚姻出现问题的责任，而是，婚姻中出现的问题，往往是一种共谋。

如同——

如果你觉得丈夫懒，不爱做家务，可以反思一下自己是否是高标准和容易心软的妻子。

美剧《致命女人》里面的贝丝刚开始对丈夫是言听计从，以伺候丈夫为乐。丈夫想喝咖啡，他只需要敲一下杯子。丈夫不想让贝丝弹钢琴，她就立马放弃了。妻子过于能干，丈夫渐渐什么事情都不做，除了把第三者带到家里。

如果你觉得妻子脾气臭，过度自我中心，你可以反思一下自己是否不敢表达自己，喜欢息事宁人。

女人的脾气往往来自她真的不知道你要什么，而她在婚姻当中的劳累又往往得不到感激和分担。如果你因为逃避真实的关系而选择了沉默，对女人们来说就是致命的。

另一方面，有时候，婚姻走入死胡同，其实是你和自己，和生命之间的关系问题。

最近看了一部老电影《在海边》。由朱莉自导自演自己担任编剧。这是他们夫妇在离婚前合作的最后一部电影。

十四年的夫妻生活，谈不上恩爱，但也没有到需要离婚的地步，只不过死气沉沉，没有爆发，没有争吵，只有习惯。自从隔壁房间住了一对新婚夫妻后，日子开始发生了变化。

妻子凡妮莎（Vanessa）透过无意间发现的小孔，可以看到隔壁新婚夫妻的生活。两个房间的他们，似乎形成了鲜明的对比：一对如胶似漆，一对同床异梦。后来，凡妮莎的丈夫也发现了这个小孔，夫妻两个一起来偷窥。

他们俩甚至开始从隔壁小夫妻的生活中，体验到新的兴趣。最后，他们发现真正厌倦的不是婚姻和彼此，而是对日子平淡如水和生命平庸的厌倦。

他们开始分享亲密感受，反思自己的不足之处，感恩对方的付出，婚姻生活又重新焕发出新的色彩，而此时，他们的工作也上了一个新的台阶。

很多人都会在婚姻中丧失激情，他们会选择通过背叛、出轨来伤害彼此。他们以为这是婚姻的问题。

如果你仔细观察会发现，即便是遇到不良伴侣，如果这个人本身对生命是积极乐观的，对生活是有热情的，那他就能找到办法康复过来。

无论单身还是结婚，都会有把生活过好的勇气和智慧。但如果一个人的生命状态本身比较低沉，即便是遇到爱情绚烂过，也很容易再度低沉下去。他通过出轨根本没有办法找到自己想要的幸福。

有时候，我们以为厌倦的是婚姻和对方，其实，只不过是自己。

如果我们能培养起自己的这种习惯：问题出现之后，多反思自己的原因，多问自己几个为什么，多去探寻问题背后的深意，并付出行动去改变，那么，你就掌握了生活的魔法棒。

三、你要的诗意，往往在你最不在意的地方

最近，"周迅这期节目太好哭了"上了热搜。

原来在最新一期《奇遇人生》中，周迅和阿雅一起前往日本的林间小屋感受生活。

刚到屋子时，两人就被干净优美的环境所陶醉，迎接他们的是 76 岁的老奶奶道子。

这间屋子是道子和丈夫幸贞在几十年前买下的，不幸的是，幸贞在几年前得了阿尔茨海默病，现在已经完全不记得道子是谁。

除了去疗养中心陪伴丈夫外，道子其余的时间都花在小屋的打理和一些小事上。

她带周迅和阿雅去摘野花，插好一个个花瓶；为她们冲泡抹茶，教她们唱歌。

这样井然有序又诗意十足的生活里，你在她身上看不到照料一个阿尔茨海默病患者的狼狈。

不得不说，这样的画面，隔着屏幕也能让人体会到那份生活慢下来的闲适和丰盈。

这大概才是生活本应拥有的美好样子吧。

01 久违的幸福，藏在日常的小事中

最近，我的母亲回老家后，我就掌管了家里的家务大权。每逢周日，有三件事我一定会做：做饭、照顾花草和鱼儿，外加打扫整理房间。

要是放在以前，我可能会嫌弃烦琐和劳累，扔给家人或者是请家政来解决这些事情。但没想到的是，当我真正耐下心来去做的时候，这种充满烟火气的事情，却意外地让我收获了一种不可多得的乐趣。

看着整洁的房间，苗壮成长的花草和鱼儿，让自己味觉和灵魂充分满足的饭菜，真的很享受。原来，这些小事中，竟隐藏着丰富的美妙。

老舍曾经在他的《我的理想家庭》中写道：

先生管擦地板与玻璃，打扫院子，收拾花木，给鱼换水，给蝈蝈一两块绿黄瓜或几个毛豆；并管上街送信买书等事宜。

太太管做饭，女儿任助手——顶好是十二三岁，不准小也不准大，老是十二三岁。

儿子顶好是三岁，既会讲话，又胖胖的会淘气。

每每读到这种文字，觉得特别灵动可爱，甚至觉得那种生活画面扑面而来。

我们常常以为，诗意不在眼前的生活，而在遥不可及的远方。可或许很多人忘记了，你若有心，你眼前生活的日常小事之中，就蕴含着你最能把握的诗意与乐趣。

02 学会发现每一件日常小事中的爱和乐趣

同样是做一些小事，为什么有的人欢欢喜喜地做，有的人却一边做一边抱怨呢？

一个很重要的原因在于：同样做一些小事，两种人的心境完全不同。有人喜欢抱怨"价值不大、琐碎劳累、为他人牺牲"等，有人却视为"我愿意去享受其中的喜悦和乐趣"。

所以，不妨尝试转换一下自己的心境。就拿做饭来说。

有一段时间，因为忙碌，我习惯于在网上购买蔬菜，很方便，也很干净精致，但面对那包了一层又一层的菜，总感觉不环保，也觉得缺了点生气。

于是，有空的时候，我就提着篮子到菜场去遛达遛达。看到那些生机勃勃、五颜六色的蔬菜水果躺在篮子里的时候，就感觉分外满足和被滋养了。

倘若是用新鲜的菜烹调喜欢的食品，或炖煮，或爆炒，或清蒸，光是那个过程，就让人感受到满足。

家人用心烹饪的美食，更是一种关系的调和剂。这里，很大程度不是因为菜做得好坏，关键在于，你是否带着爱，在为自己和家人做饭。

当我们带着情绪做饭的时候，是不会发挥出应有水平的，也会流于敷衍，可想而知这样的食物对家人身体的影响。融入爱的饭菜，才会更加可口诱人。

陈果老师在她的公开课里面曾说："一辈子只有两件事情可做：让自己幸福，帮助别人幸福。"

深有同感。当你带着爱去做饭、照顾动植物、整理家务，一方面是自己容易感到幸福和满足，另外一方面也能让周边人感受到爱。何乐而不为？

03 培养自己感受幸福的能力

很早之前，我很欣赏那些很有使命感，一直在不断修行精进的人，觉得他们目光长远，格局很高。

但时间久了，我经常会发现一个问题，许许多多的人懂得很多高大上的道理，却过不好眼前的生活。

慢慢地，我开始欣赏和崇拜一些能够把眼前的生活过得有声有色的人，因为他们是真的明白人，更能在日常生活的小事中感受到幸福。

当你把精力稍稍转移到这些平凡而琐碎的事情上来，比如做饭、插花、浇灌花草、整理内务等，你的幸福感可能会提升。

那么，有什么样的好方法让我们一点点地发现和专注于美好呢？

（1）到自然中去，做一个赤子

在咨询当中，我经常会建议来访者每天坚持去户外观察大自然，感受阳光和动植物身上那些流动的能量。

当你看到花儿们积蓄了整个季节的能量一夜之间艳丽绽放，大大小小的树木努力汲取养料往上生长的时候，我相信你是能感受到那种勃勃生机的，这对一个想感受到幸福的人是一种很好的滋养。

而用心烹饪、清理房间，当然也是很重要的途径。干净整洁的房间，也意味着资源的充分利用，能量流经的顺畅。

你甚至可以去试图种植农作物，感受种子出芽的力量。将你的心渐渐唤醒，你才会越来越能感受到幸福。

（2）安住在当下，先把眼前的事情做好

曾经在咨询中遇到一个姑娘，说自己有很多梦想，已经关注自我学习成长很多年了。她听了很多课，也做了很多练习，但是她告诉我，她的身体不好，肠胃也容易生病。

随着咨询的深入，我毫不客气地指出了她可能需要把目光收回来，先把目光回到当下的生活里。

她开始停掉一部分工作和课程，用心给自己做早餐，锻炼

身体，很快发现了新的乐趣。"我之前实在是花了太多力气去思考，却忘记了眼前的生活。实在是太愚蠢了。"

是啊，我们都知道"活在当下"这句话，但真正做到的人很少，把更多的精力都花在了后悔过去与担忧未来上。

如果你不知道从哪里入手，就从生活里的这些小事做起。认真做饭，清理房间，养护花草，或者别的你感兴趣的部分。

（3）别轻易说不喜欢，试着去参与

我们中间的不少人，或许受过很好的教育，但却对日常事务投入不足，更不觉得有什么乐趣。没有参与过，何谈乐趣呢？

前不久，我们和朋友四家人去旅游，最让我们感到有趣和幸福的，不是看过的风景，而是我们带了炉子在野外煮方便面吃，顺便摘几片农家的青菜丢进去，连汤汁都被围在周围的小狗狗们舔光了。

更重要的是，一名从来不做家事的爸爸蹲在尘土飞扬的地上给大家认真地煮面，让大家赞不绝口。回家后，他竟然开始研究起菜谱并实践起来了。他的妻子觉得这趟旅行太值得了。

就像母亲没有把鱼儿托付给我时，我不太能理解她那么重视鱼儿，后来我经常给它们换水，照顾它们，慢慢地我回家都会和它们打招呼，我才感到它们欢快时我也特别开心。

这份诗意和幸福，你一样可以感受到。

四、实录：我采访了 100 位已婚女性，发现了幸福婚姻的真相

01 4 个婚姻故事，你读出了什么

"说真的，我不拒绝恋爱，但我对婚姻没有任何期待。"

30 岁的琪琪是那种人见人爱的知性美人，身边也不缺追求者。交往过几个很不错的男朋友，但当对方表示出想结婚的念头的时候，她就找各种理由把对方赶走了。

现在这个男朋友之所以还没被赶跑，是因为他抱有同样的想法：恋爱随意，结婚免谈。

琪琪的心态在现代年轻人中很有代表性，不少人虽然迫于父母的压力结婚了，但也只是在主流中选择了妥协而已，与自己内在的动机并没有太大关系。

原因很显而易见：中国式的婚姻从来都不是两个人的事；那么漫长的时光里只爱一个人，觉得不可能。

婚姻也许不是必需品，但我们真的是在怀疑婚姻吗？还是在质疑自己不敢直面问题，抑或是在质疑爱本身？

带着这样的疑问，我们采访了很多已婚女性。她们年龄层次不同，有人过得幸福，也有人越来越想从婚姻内逃出去。

或许，她们的故事能启发你我。

✼ 湘湘，28 岁，行政单位工作人员
婚姻感受：简单，知足

湘湘与老公是大学情侣，是彼此的初恋。两个人结伴来到上海工作，由于户口没能解决，几年以来一直没有购房资格。湘湘并不像很多女性一样那么在意房子这些东西，在她看来，彼此的感情才是最珍贵的。

他们租房子结了婚，很快湘湘便怀孕了。他们索性在孩子生下来后在更远的地方租了一个大房子。

当大宝不到三岁的时候，湘湘又意外怀了二胎。本来娘家人心疼女儿，不主张这么早要这个孩子，但湘湘认为，孩子也是一场缘分，既然来了，就克服困难生下来吧。

或许有人会觉得，她敢生二胎，是因为有个特别体贴的老公，然而事实并非如此。同很多老公们一样，湘湘老公虽然爱她呵护她，但不能理解为什么妻子有了孩子后就像变了一个人一样，不再那么关注他了，他感受到了巨大的落差。

他们曾在很多个夜晚吵得不可开交，但是也能很快和好，因为他们都懂得：他们之间的感情深厚，不能轻易放弃。

"有时候，我觉得我们对白首不相离的信仰，让我们可以

立场一致去处理问题，这大概是一个秘诀。"

⊛ **甜甜，35 岁，教师，兼职外贸采购**
　婚姻感受：一个人就是一支军队

"我想，在没结婚的时候，很多人都会把婚姻和美好、温暖等词汇联系起来，但事实上我的感受并不是如此。"

甜甜的老公是外人眼中不错的结婚对象，名校毕业，也很帅气，在 IT 公司做研发，独子。两个人恋爱的时候感觉非常不错，夫妻俩算是白手起家共同筑起了爱巢，是幸福甜美的一对。

但是随着孩子的出生，甜甜发现婚姻给她的感觉变了。孩子年幼的时候，家里又是老人的大嗓门又是孩子时不时的哭声，作为妈妈又何尝不感到累和吵闹呢？只因是妈妈，一切她都是自动自愿地在承担，努力地学习成长。

但是老公加班回来越来越晚，貌似不愿意待在乱哄哄的局面中，所以在家庭事务中参与得越来越少了。出于心疼老公上班辛苦，甜甜不太拿家长里短的事情去烦他，可后来她发现不对劲了。

婆婆一直在单方面诉苦，她又从不辩驳。时间长了，老公认同了婆婆的很多观念，对她越来越冷淡。到后来，连夫妻间最基本的沟通也没有了，双方关系跌入了冰点。

"你知道，出轨几乎是必然的。"丈夫很快恋上"看起来善解人意"的同学。事情败露时，甜甜陷入了一个巨大的情绪深渊，她想过放弃，但又有些不甘心。

"我也有责任，我太惯他了。"

目前，她还是一个人像支军队般活在婚姻中。

✿ 馥梅，42岁，外企高管

婚姻感受：喜忧参半，荣辱与共

馥梅是外企高管，管理着20多人的团队，日常工作非常忙碌，业余时间，她还保持着健身和画画的爱好，所以人看起来知性而美丽，是那种既有女性魅力又不缺乏力量的人。

她老公是一名大学老师，相对更为清闲一点，所以照顾孩子和家庭更多。

谈到婚姻，她很知足。在老公的影响之下，孩子很喜欢看书，成绩也很好。家庭的结构也比较好，符合双方的需求。自己更喜欢工作上的成就感，所以她对工作倾注的心血更多。

谈到自己对婚姻的认知，她说："不用给婚姻美化，这不是王子和公主的童话故事，但是也不是处处防备的战场。本着一颗平常心，过着一份恬静而平淡的日子就好，我很满足。"

其实，馥梅和老公的恬淡并不是一开始就有的。

和很多夫妻一样，他们之间经历了婆媳矛盾、出轨又回归、亲人突然去世、投资失败等很多事情，只是，他们双方没有简单地放弃，而是非常诚恳地一起探讨了人性的弱点和婚姻制度的优劣，在一次次坦诚沟通中找到了出路。

✿ 栗子，55 岁，自由职业者
婚姻感受：彼此允许和尊重

如果不是栗子的头发显示了她的年纪，我根本看不出来她的年纪。她身材娇小，常年在自然状态下的规律生活使得她的肌肤看起来健康而有光泽。

让人印象深刻的在于，她身上有少女般的热情和活力。仔仔细细地帮我切水果，专注地为我沏茶，讲到兴奋之处的时候，她甚至跳起来。

40 岁之后，她就搬到了郊区这个院子里。一天之中的大多数时间，她都在摆弄她院子里的花草，比她小 6 岁的丈夫下班回来也会来帮忙。然后他们用院子里的有机食材做几样简单可口的饭菜。

栗子在忙活的时候，除了帮忙，丈夫有很多时候都在专注地看着自己的妻子，就像是欣赏作品一般，那种和谐，连年轻人都感觉十分美好。

"我和丈夫都是内在比较稳定而丰富的人，觉得最好的关系就是彼此允许和尊重。我们看不见对方或者联络不到对方的时候，从不慌张，也不担心彼此有其他关系，就是一直心很定那种感觉。"

在这样的感觉当中，他们携手走过了 20 多年，也一起历经了很多风雨，共同孕育了一双儿女。

这并不是栗子的第一段婚姻，她曾经遭遇过前夫的出轨，但她并没有因此怀疑爱情，她一直过得很有活力，后来就遇到了真正可以让她感觉自由的伴侣。

"你知道，两个自由灵魂的爱是会让人一次次不断地重新爱上对方的，那与控制和恐惧下的爱是不同的。"

02 内在完满的人，更容易有幸福婚姻

与很多个正处于婚姻状态的女人聊过之后，我忽然发现一个真相：把婚姻经营得好的人，其实是对自己内在探索特别到位的人。越是看到内在完满的人，越容易在婚姻中幸福。

因为，即便她们单身，也有幸福的能力。

如果说有什么启示，可以参考的是：

（1）越是不把婚姻和其他东西捆绑的关系越容易单纯幸福

在他人眼中般配但内在并不匹配的夫妻，没有遇到事情还好，一旦陷入鸡毛蒜皮的事情或者是其他危险的时候，他们很容易熬不过那些脆弱的时光。但好好爱过，并且真心希望对方过得好的夫妻，更容易经受住生活的洗礼。

（2）幸福的婚姻需要彼此有勇气直面人性深处的障碍

几乎所有情侣都会面临这样一个问题，那便是你面前的对象很容易就会由刚开始的发光体渐渐变成你眼中平庸的人。

生活的琐碎，导致这种转变还会更明显。不少人在这个时候，没有选择深入下去面对自己内心深处的障碍，而是选择通过沉迷事业，或者进入其他关系去逃避。

这是非常可惜的，亲密关系遇到障碍，恰恰是我们了解自己和人性的一次绝佳机会和窗口。如果在此时能借机深入下去，会加深对生命的理解，也会促进彼此的关系。

（3）好的婚姻需要彼此有不断重新爱上对方的能力

一辈子爱一个人可能吗？很多人认为不可能，但同时也有很多人做到了。

我们观察了那么多相爱到老的人，发现他们都有可贵的优点：一方面，他们的生命在不断推陈出新，自身拥有对生活的热情；另一方面，他们能不断看到对方身上的优点并予以感恩。

正如复旦大学老师陈果所说的那样："永恒的爱情，就是你和他一起，共同度过一次又一次阴晴圆缺。"

五、怎么面对关系中可怕的内耗

"我爱你，所以我要你做你自己。"送给所有关系中的人。

01 关系中可怕的内耗正吞噬我们

很久没见的小姐姐因为一场艳遇和我联系了，因为过去并不顺利的一些情感经历，她已经空窗六七年了。

前几日她在土耳其旅游，在空中跟着一个教练高空滑翔，"high"到极致的时候，跟教练在空中热吻，之后又骑着教练的车一路奔驰去了他家。

之后的事情很顺理成章，她说：

"你知道吗？让我印象最深刻的不是身体的享受，而是，他帮我戴好头盔，认真呵护我的感觉。"

为此，她回国后还把这次的收获记录了下来：

"长久的生活我已经把自己活成了一支队伍，总以为自己已经强大到男人对我没有什么用处。但那个瞬间，让我又一次认识了真正的自己……"

她的文字，给了我很大的触动。

不知道你是否发现，不少女性，原本活得骄傲而独立，可进入一段稳定关系之后就开始发生了很大的变化，有时候变得甚至让人不太认识了。

前不久，《做家务的男人》热播，作为嘉宾的魏大勋父子上来就以"沙发二子"出道，向观众展示如何花式躺沙发，任凭女性忙进忙出。

几乎不用怎么费力，你就可以经常听到女性们对伴侣的评价：

"我感觉好累，比一个人生活累多了。"

"他什么都不管，以为钱能解决一切！"

"家务和孩子也需要他啊，这个家不是我一个人的。"

细细观察，你或许会发现，其实，这些把自己活得像一支队伍的女性朋友，并不是强大得不需要他人的帮助的。

相反，她们发出一次次呼喊，只不过是因为长期得不到回应，渐渐地把自己训练得越来越能干，也不再寻求帮助了，甚至觉得"男人有没有一个样"。

反过来问问男性朋友，他们的反馈大多是：

"她要求实在是太高了，那么细致干什么？"

"我也蛮累的，真的不想听那么多抱怨。"

"我是按照她的要求做的啊，为什么还不满意？"

一个怨，一个逃，往往成为两性关系里的常态。原本的那些惬意灵动、默契恩爱被分歧消磨得所剩无几。

多少人，在这种关系的内耗中，渐渐放弃了努力和挣扎，甚至背叛和抛弃了婚姻。

02 为什么我们会强大到连孤单都没空想起

中国女性的强大，是有数据支撑的：

美国国家统计局对各国劳动人口的总数和人口参与劳动的比率进行调查，发现中国女性劳动参与率高达70%，位居被调查国家之首，而在美国，只有58%。

社会科学文献出版社发布的《中国女性生活状况报告（2017）》显示，中国女性在家务劳动中，妻子以65%的压倒性优势，成为主要承担者，丈夫只有7%。

多少走路带风，在职场上斗志昂扬的女性，下班后进入另一个战场，透支着自己的健康和时间。

在一次咨询中，面对一个妈妈，我只是说出了"请心疼你自己"，她的泪瞬间就掉下来了，那个场景一直让我很难忘。

反观一些单身女性，包括单亲妈妈，状态却常是另一个样子。生活安排得很丰富，爱学习，爱打扮，哪怕有孩子了，也会抽空找乐子。

最重要的是，她们没太多怨气。

我仔细地问过，为什么会有这种反差。她们告诉我的答案是非常一致的：

一个人也可以过得很不错啊，没有两性关系中的期待和内耗，有时候你的潜力就会被充分激发出来。

这也许在侧面提示我们：在两性关系中感到累，一部分原因的确来自生活琐事的消磨，另外一部分原因还在于"期望的落空"。就像有些人所说："本来想找个人遮风挡雨，最后发现风雨都是他带来的。"

然而，如果把这种罪过都怪到伴侣身上，也是欠公平的。两性关系所呈现的状态，有时候是一种"合谋"。

简单来说，主要原因在于长久以来，我们习惯了女主内，男主外。男人不做家务，自然也就不懂女性的辛劳。

另外一个很重要的原因是，男人做家务时的笨拙，常被女人嫌弃，很多女人宁愿自己干，也不让对方帮忙，长期孤身奋战，就会积攒很多委屈。

明明说好一起组队打怪兽，回头却发现一个在冲锋，一个在自己玩自己的，时不时还挑剔你做得不好。这种场面，想想都知道多绝望。

03 关系中的相互看见，才是稀缺的资源

时代不一样了，女人越来独立，对关系的期待也随之提高。好的关系，是彼此看见，彼此成就的。

作为女性来说，可能需要在关系中信任你的伴侣，选择合适的方式去表达需求。

我有个朋友，生了三个孩子，在家做全职太太。

丈夫长期以来的态度，都是"你们都是我养的""你不就带一下娃吗"。

要知道，我这位朋友婚前能歌善舞，人又漂亮，也很擅长赚钱，可想而知她的压抑和不满。多次抗争无效之后，她表示，孩子一个不要，她净身出户离婚。

丈夫一下子慌了神，开始带孩子，做家务，并且让她周末出去放松一下。她捡起了很久不碰的舞蹈和唱歌，学着赞美丈夫，两个人的天平渐渐走向了平衡。

当丈夫听不到她的需求时，她直接抛开软肋，不恐惧失去，来真的，这才是关系转变的关键点。

同时，她也不忘记赞美丈夫的进步。你越是放手，越是鼓励，对方参与的兴致和乐趣就越大。

另外一方面，女人也要多关注自己的需求，不要放弃那些闪闪发光的梦想。

我常看到，女性成了妻子、母亲之后，忘记了自己。可是，如果你不说，你身边的人也就不会注意到你也是有需求的。

所以，在照顾别人之前，请不要忘记自己。

前不久，作家刘震云的妻子郭建梅获得了诺贝尔替代奖（Right Livelihood Award）。这个奖奖励的是在环境、生态保护以及人类社会可持续发展方面做出过杰出贡献的人。

　　郭建梅是中国第一代公益律师，创办了中国第一个妇女法律援助 NGO（非政府组织），代理了 4000 多例捍卫女性权利的案件，其中的艰难靠想象都不及真实的十万分之一。

　　尽管困难重重，但郭建梅始终没有放弃过为那些遭受不公的女性提供帮助。丈夫也特别支持她，鼓励她遵从内心需求，辞职承担家务和照顾孩子，才有了今天的郭建梅。

　　而妻子，也一直欣赏丈夫的才华，鼓励支持他坚持写作，不要放弃，最后才有了闪闪发光的刘震云。

　　读了他们的人生故事，我想到了钱锺书和杨绛，李安和林惠嘉。

　　他们之所以能够在漫长的岁月里携手共进，在各自的领域里勇敢奔驰，很大程度上就在于他们在两性关系中是相互欣赏，相互看见的。

　　就算是短暂地因为家庭事务需要分散精力，处于人生低潮，也会鼓励彼此不放弃自己的梦想和天分，成为自己。我想，这才是两性关系中最难能可贵的部分。

六、蔡康永：恭喜那些不发朋友圈的人

前几天是中秋节，按照以往的习惯，一早我就给几个曾经要好的朋友发祝福信息。收到回复后，接着互相问了各自现状。

有人辞了工作，正在徒步旅行；有人换了生活的城市，自己开了家咖啡馆；还有一个去年年底结婚的，孩子刚过满月……

仔细想来，只是半年多没有联系，大家的生活轨迹就有了这么多变化。记得之前更多地了解彼此，是通过朋友圈点赞评论。

大到自己生活的变化，小到生活里某个细节，比如一张好看的自拍，一部感人的电影，一片美丽的彩霞，都要发条朋友圈冒个泡。

但是不知道从什么时候开始，我们都默契地很少发朋友圈了。最新动态不是停留在大半年前，就是"仅三天可见"。

越来越多的人，正在从朋友圈隐退或消失。

01 淡出朋友圈，成为很多人的常态

不知道你有没有发现，朋友圈两极分化得厉害：一部分人吃什么美食，到哪里旅游，见什么人，甚至娃考了什么证书，你都能迅速获知；另外一部分人，朋友圈都是一条横线"朋友仅展示最近三天的朋友圈"。有时即便是发了，也大多是转帖，你看不到他生活的状态。

从最初的新奇好玩，肆意撒欢，到如今的不愿关注，不堪其扰。到底是什么导致了这种变化？是我们没有了倾诉的冲动，还是没有了交流的欲望？

其实，想要倾诉或是渴望被理解，是每个人的心理需求。只不过我们越来越不想在朋友圈索取这份需求。

这和朋友圈大环境有很大关系。微信诞生之初，好友只有为数不多的那么几个人，但如今，好友动辄几千人。

除了工作伙伴，很多萍水相逢的人也都加入进来，甚至有些人需要申请好几个微信来解决好友有上限的问题。

朋友圈逐渐变成了一个复杂的社交空间。很多人只是认识而已，未必是可以交心的。

02 不爱发朋友圈的人，都在想些什么

当朋友圈逐渐演变为一个纷杂的交际圈时，我们的心理也

会有相应的变化。

（1）"我不想演戏"——社交压力

美国社会学家欧文·戈夫曼（Erving Goffman）曾经提出过著名的"自我呈现"理论，他认为生活好比一个大型舞台，人们就好比舞台上的各色演员。

在社会剧本的要求下，在他人与自我的期待中，管理着自己在他人眼中的印象，表演着自己。

多项研究也表明，社交网络中存在着"想象中的观众"，用户会针对这部分存在于自己脑海中的观众，来调整和约束自己的行为。

体现在朋友圈中，因为"观众"的复杂性和多元性，我们常常不自觉地需要对外展示不同面向的自己，扮演受人欢迎的角色。

朋友圈是有滤镜的，真实的那个自己，也许只有自己和极少部分的人才能触摸到。这样的表演久了，我们只想回到真实的自己。

（2）"我真的想要清静"——拒绝关注

知乎有一个回答破万的热门话题——不发朋友圈动态的人是出于什么心态？

有一个高赞回答：因为所有的朋友圈，都以私聊的形式发给在乎的几个人了。

是啊，我们并不渴望那么多人来关注自己的生活。自己和家人的照片，只需要至亲朋友看到，或是通过私密的小群，予以沟通交流，满足自己与他人互动的需求即可。

甚至我们也很怕给一个朋友过多的人点赞，因为会不断收到提示信息，形成干扰。

减少在朋友圈的互动，才能为自己增加更多的自在。

（3）"我的情绪，发出来又能如何？"——改变无力

很多人都听到过一个说法——朋友圈戒情绪。

看新闻曾看到一个诉讼案件，一位年轻的职场女性在朋友圈发了一些自己私人生活上的抱怨，公司上司以为是对公司不满，迅速辞退了这名员工。该员工不服，起诉公司。

如果在朋友圈表达真实的想法有那么多坑，情绪也得不到真正的疏解，我们索性真的不敢表达了。

少发或者不发真实的情绪，或许最为保险。

03 我们还需要朋友圈吗

对于不想被更多人关注的人来说，朋友圈还有一个功能是分组可见。但对于不少人来说，分组的时间和精力成本太大，而每条信息希望传达的对象却是流动的。

每次发朋友圈前，还要对信息进行把关和筛选，甚至是刻

意地加工，不仅很费事，而且也使朋友圈丧失了那份自由和灵动。

不管我们在朋友圈是不是活跃，微信日渐增长的用户以及其他层出不穷的社交平台都证明了一个事实：我们在网络上一样渴望爱，表达爱，有分享和交流的欲望。

对待朋友圈，我们应该有以下两种心态。

（1）不被捆绑的分享是值得鼓励的

不少人在朋友圈里看到别人的生活，会有一种感觉，为什么别人那么优秀，而自己却那么平庸。索性产生了很多的自我评判，也自感颇为不如意。

实质上，每个人的生活里都有不容易的部分，只不过在屏幕外自我消化着。我们没有自己想象的那么坚强，也不会有那么多人真正地关注我们。

遇到真心想分享的美，看到有价值的帖子，随心去分享就好了，然后该干吗干吗，不用太在意别人的反馈和评价。

旁人只不过刚好刷到了，点个赞或者随口说两句，褒贬都不必太当真。你也仅仅是做了一件让自己觉得开心的事情而已。

（2）线下的真实生活更值得期待

蔡康永在访谈中被问道："你对那些不常发朋友圈的人有什么要说的？"

他说："我们要恭喜那些不发朋友圈的人，把大部分心力拿去应对真实的生活，恭喜他们找到了生活的重心。"

　　的确如此。一些人把任何事情都发在朋友圈里，我反而透过那些文字和图片读到了他深藏不露的孤独和那颗渴望被拥抱和关注的心。

　　所以，如果能真实地看着对方的眼睛去说话，千万别放弃这种机会。与朋友圈的热闹相比，你热气腾腾的真实生活才更重要。

　　最后，用蔡康永微博里的两句话作为结尾：

　　"长大这么辛苦，如果不趁机成为自己生活的主人，实在太划不来了。"

　　"我认为的光耀之道，并不是让自己成为别人眼中的焦点，而是忠于自我，做自己人生的焦点。"

CHAPTER 6

了不起的自己

年纪越大，越要过『我说了算』的生活

一、年纪越大，越要过"我说了算"的生活

"人生最可怕的不是衰老，而是年轻的身体里住着一个衰老的灵魂。"

01 我这么大年纪，还折腾什么

最近一位朋友找我倾诉烦恼，他的担忧，可能很多人都能感同身受。

虽有丰富的工作经历，但由于职业变动，目前在单位只是个小角色，既不受重用，收入也不高。

没有碰到合适的机会跳出去，又觉得自己年纪一大把了，收入和刚毕业的年轻人差不多，很可悲。太太收入也不高，两个人养房养娃很吃力。

我诚心给了他一些建议，他却说："我这把年纪了，还能折腾个啥？"

是啊，"我都这把年纪了"，后半句常见的是：

①"我还是忍忍吧，还能换什么样的人／工作／生活呢？"

②"还白费那些力气干什么呀？"

③"算了，主要看下一代了。"

每次听到有人这么说，我都非常理解，也能看到他背后的那些困难和无奈：体力和状态都在衰退，生活也多了很多牵绊，让人动弹不得。

于丹说："中年，是我们离自己最远、离角色最近的年龄。"这个时候要打破现有的生活方式，只觉得成本太高。

但如果真的一直这样下去，又会感觉如陷泥潭，动弹不得，在纠结中一边认命一边不甘心。

前不久美迪找我咨询，她接近 50 岁，是大型国企的高层。因为女儿出国了，自己的人生也到了新的关口，她很迷茫。

孩子的离去虽然让她不舍，但她也能腾出更多的精力好好工作，做自己的事。我欣喜地看到，与很多同龄人的年龄危机相比，她的选择很不同。

她一边自学英语，以求和女儿的老师和同学们对话；一边在工作上寻求变动，突破天花板。

她的那种不甘心，有一种"无论我怎么选择，都是一种机会"的领悟力。

正是观察过很多处于相似年纪却有不同境遇的人，她才渐渐明白，越是年长，就越需要放手搏一把，重新掌握生活的主动权。

因为此时的你，时间更宝贵，而手中拥有的资源和机会也更多。

02 你如何一步步失去生活的主动权

自从杰奎斯（Elliot Jacques）在1965年创造了"中年危机"一词，很多人都相信，中年人必然会经历一个心理上难以调整的阶段。

但事实上，人生在不同的阶段，都要面临不同的困惑与挣扎，对个体来说，并没有严格意义上的孰轻孰重。

中年阶段和其他人生阶段相比，机体尚且年轻，并拥有一些抗风险能力和资源，其实也是人生的黄金期。

那我们是怎样在中年时期，一点点失去生活的主动权，从而一步步认命的呢？细细想来，无非两点：

①当前的生活让我们痛得不够，也恐惧失去拥有。

②信念制约住了我们。

日本富士电视台有一部纪录片叫《含泪活着》。

主人公丁尚彪因为时代原因，错过了读书的机会，好不容易从农村返回上海，他白天要工作，几乎每晚都在夜校度过。

他只想通过知识改变命运，却因为年龄太大，没有一所大学可以接纳他。他在食堂做炊事员，靠每月不足 100 元的工资支撑一家三口的生活。

1989 年，他 35 岁，和妻子借了相当于当时 15 年的工资做学费，申请到日本留学。

但没想到的是，他去的地方十分荒凉，而且学校禁止打工，他根本无法承受高昂的生活费。

为了生活，他不得不与家人分离，在日本以极其积极敬业的态度，当了 15 年的黑工。

他硬是在恶劣的条件下解决了语言障碍，一口气考了五个专业技术资格证书，成为一个多领域的技术工。然后一边还债，一边把女儿送去美国读博。

一家人终于得以在美国团聚。

到美国进入五星级宾馆工作之后，他也用实力赢得了同事们的信赖，还获得了纽约宾馆业协会颁发的优秀工作奖。

这个故事被拍成纪录片，震撼了整个日本。

35 岁，借钱出国留学，做 15 年黑工，应该很少有人有他这样的勇气和耐力，但凭着一股不服输的劲，他和家人熬过了中年最艰难的岁月。

我们常听到成年人抱怨生活却没有行动，那背后没有说的是"我害怕失去已经拥有的""我不舍得离开现在的舒适区"。

在信念层面，则是"我害怕失败""我年纪大了，学习能力、适应能力不如年轻人了"。

这些内部的信念，让人一点点被生活推着往前，完全没有能力为自己的未来做出主动的选择。

03 安抚不甘，唯有搏一把

成年人都知道"要放下，要心静，要成长"。可是，那脆弱的神经、睡眠不足的眼神出卖了一切。

我并不赞成对一个还没拿起过的人说放下，也并不相信很多人口中所说的放下是真正的"放下"。

无论处于什么年纪，对于心中充满渴望，还未曾好好满足自己的人来说，都应该大胆地去追求，好好满足自己的体验需求。

就像前文提到的美迪说："我知道我的大部分同龄人都觉得自己今生就只能如此了，但对我来说，我的欲望才仅仅满足了 40% 而已。"

如果你跟她一样，内心还涌动着折腾的火花，就不必再拿年纪和家庭作为借口。变，才是唯一的不变。

电影《将来的事》中，主人公娜塔丽是一所学校的哲学教师，进入中年后，她忽然面临了人生巨大的冲击。

母亲因为抑郁症不断打电话给她，刷爆她的信用卡；原本以为相爱的丈夫吵着要离婚并且已经出轨；自己写的书不受欢迎。正当她焦头烂额的时候，母亲在养老院又意外离世。

遭受一连串的打击后，她问她的学生："女人过了 40 岁难道就被抛弃了吗？"

但是，她知道自己要从这种深渊中爬出来。

她去乡下度假，拧松了自己的弦，看书、游泳、散步，与年轻人谈论哲学，在精神上尽力调整自己。

同时，她专注地备课，努力为女儿分担生活。最终，她渡过了这段中年危机，回归了平静的生活，并发现了一种新的更稳固的自由。

每个中年人，都应该看看这部电影。

经由这个过程，我们自身的智慧和心力增长，也真正地和自己，和生活走向和解。

到了这个年纪，我们有了过去的经济积累，有了年轻人羡慕的阅历、智慧、承受力——千万别轻视了年纪带来的价值，这就是你现在拥有的最强力量。

你完全有资本、有能力过上自己主动选择的生活。

前不久上映的电影《中国机长》的主人公原型，刘传建机长，46岁，在前所未有的危难时刻，正是凭借自己的专业能力和多年的经验在生死面前保持沉着、冷静，放手一搏，保护了全体乘客和机组人员的生命安全，震撼了整个世界。

他在采访中说："我觉得人活着就有一切。"

他说的这句话，绝不是一句鸡汤。

二、女人之间的友情，到底有多珍贵

周末朋友联系我，问为啥看不见我人了，连手机都不接。不好意思的是，我正甩下家人，和闺蜜们一起躲在浙江一个度假山庄里过神仙日子。

对，只有闺蜜三人，男人和孩子，都杜绝参加。这是我们一年一度的约会，到哪里都可以，前提就是不带家人。

记得年少时，我们聚在一起，大把的时间主要是逛街，聊明星八卦，聊自己喜欢的男生。那时候的自己，也是把重心放在爱情上，目标是有一天遇到那个他并拥有自己的小家。

但现在，我们各自成家生子。当初的很多幻想被揉碎在生活的琐碎里，也不得不面对和伴侣的矛盾或孩子成长的烦恼。

忘了从什么时候起，我们这些渐渐在生活里找到轨迹和节奏，又有点阅历的中年女人们，发现能毫无顾忌地敞开心扉，并相互搀扶着前进的人，是作为闺蜜的彼此。

01 你的陪伴与建议是生命里的一盏灯

最近有一部美剧很火，它就是 CBS 推出的《致命女人》。

这部片子由《绝望主妇》的团队执导，处处透着对女性的理解和面对生活努力寻找乐趣的黑色幽默，很是精彩。

三个年代，三位女性，几乎都面临着中年女性才有的困境：丈夫出轨，工作压力大，情感关系混乱，孩子逃出掌控……

令我印象深刻的，是发生在 20 世纪 60 年代主人公贝丝的故事。她是一个完美型的家庭主妇，以伺候丈夫为荣，直到邻居告诉她丈夫出轨了。她感到莫大的痛苦与震惊，但还是鼓起勇气去找到第三者，一步步刺探对方的情况。

感动的是，在这个过程中，她的好闺蜜希拉（Sheila）一直陪伴在她身边，既充当好闺蜜，又是一个好的观察者和心理开导者。

比如，希拉看到贝丝的丈夫只是敲敲杯子，贝丝就忙着去给他倒咖啡后，提醒和建议贝丝不要这样做，因为这是一种不平等和不尊重，丈夫想要咖啡可以自己倒或者直接和妻子请求帮忙，而不是敲一下杯子，所以不要一味放低姿态去顺从。

在与第三者斗争的过程中，她听贝丝诉说每个细节，甚至教她如何提高性的技巧，提升自己的穿着品位，表达自己的需求。后来，当第三者怀着贝丝丈夫的孩子找上门时，她临场救急，装作贝丝去应对局面。

可以说在贝丝最脆弱无助的时候，是希拉不断地鼓励贝丝为自己而活，去勇敢争取自己的地位，给了贝丝最大的支持和力量。

最有意思的是，贝丝与第三者接触的时候，竟然与她产生了情谊：贝丝发现了丈夫的不堪，却同时发现了第三者身上闪闪发光可自己没法做的部分。她起初只是因为第三者拆散丈夫和她而去找那个第三者，但随着剧情的发展，她越来越倾向于第三者。

美国心理学家珍尼特·希伯雷·海登（Janet Shibley Hyde）在其作品《妇女心理学》中根据研究得出结论：

> 女性对人和内心世界的关注能力和体察能力优于男性……女性的情感不仅细腻、深沉，而且更容易移情，具有易感性，更富有同情心，因此比男性有更多的亲社会情感。

心理咨询中很重要的方法就是倾听和共情。而女性之间，因为相互角色和处境的相似，双方能够细致地进行交谈，往往能够深切地理解对方。而这些，在很多情侣之间却显得十分难以实现，因为彼此仿佛容易丧失耐心。

很多女性调侃，年纪越大越觉得和男性只能谈谈恋爱，还是比较适合和女性朋友一起玩一起生活。其实也不无道理。来自闺蜜的理解，往往比伴侣来得更多更真切。

02 你的看见与赞美是来自灵魂层面的碰撞

在很多个日常的咨询中，我常常会发现，哪怕是再优秀的女性，都面临一个问题：内在对自己充满着各种各样的评判。

"我做得不够多。"

"我不够努力，不够优秀。"

"我太懒散了，对自己要求不够高……"

认真看过去，我们通常会发现，她们并不像自己所描述的那样，只是需要更多的肯定和赞美。

而这种赞美的最好来源，就是闺蜜。一是身为女性，闺蜜更容易共情对方情绪；二是因为见证过彼此的成长，闺蜜更容易对对方的需求了如指掌。

我有个闺蜜三人组，一开始的群名就叫作"夸夸三人组"。这个群的风格就是，无论你做什么，都是可以被理解的，都是值得赞美的。

拍了美照，夸！

做了点小牛事，夸！

而且，不是一般的夸，而是"会上天揽月，下海捞鱼"一般地夸，夸出水平，夸出天际。

当然，夸奖绝对不会浮于表面。我们三个人，都对对方的品性了如指掌，都看见了对方身上最闪闪发光的部分并予以充分的鼓励。

对于一位女性来说：在工作中，只会偶尔得到上司的肯定和赞许；在家庭生活中，难免有伴侣不理解不支持自己的时候，当然也肯定不能向孩子抱怨。

就算是工作再好，家庭再幸福美满，总有一些话无法对丈夫说出口，但对闺蜜，却有可能打开心扉。因为相似的角色和处境，她们都懂。

好的闺蜜是什么？

就是当爱人无法理解你，自己都不肯定自己的时候，和你站在一边，用欣赏和看见牢牢托起你，看到你的苦，也引领你看到生活更多的甜。

03 你的行动与支持是拥抱孤独最好的助力

前不久，一位陷入老公出轨危机的女性前来咨询，在为她制定"和闺蜜来一次小小的旅行"的时候，她的眼神黯淡下去，她说："我没有什么闺蜜。"

从她的分享中得知，她的全部生活几乎都被两个孩子围绕着，老公几乎是她除了家人外唯一向外连接的人。

当老公出现家暴的时候，她害怕离开，选择一次又一次容忍，直到老公出轨，摧毁了她的最后一点幻想。由于父母年事已高，她悲哀地发现，身边几乎找不到可以支持她的人。

忽然非常心疼她的孤单，并不是不相信她可以凭借自己的力量撑过去，也明白人在根本上是要自己拿出力量来的，只是，没有闺蜜的支持，那会艰难很多。

闺蜜的优秀在于，她们除了在精神上抚慰你，还能在行动上切实地支持你。

你一蹶不振的时候，她们拉你去逛街，打扮得美美的迎来好心情。

你孩子临时没有人看的时候，她们来帮忙。

甚至，你忘记吃饭的时候，她们带你吃好吃的……

这种充满烟火气的支持，对于一个身处低潮期的人来说，真的足够让人记一辈子。

有的时候在想，尽管女性的友情之间有常见的吵吵闹闹、爱赌气，偶尔还会嫉妒一下，但这丝毫不能影响我们在绝大多数时间里彼此依偎，彼此支持。我们不会因小失大。

最近看了一部日本小片《小好，小麻，佐和子》。整部电影在讲三个"大龄女性"的生活，但是丝毫没有对女性年纪渐长的焦虑，更多传递出的是女性之间难能可贵的友谊。

这部电影展示了女性在一生中所遇到的三件需要决定的事：是否工作、是否结婚和做出决定。分别对应着小麻、佐和子和小好。

她们三个人时常相约外出野餐，享受纯洁友谊和快乐时光，在一起既互诉衷肠，有礼有节地关怀彼此的生活状态，又在行动上支持对方。

每当生活中有纠结、彷徨，或者感到孤独时，她们总会在彼此身上汲取温暖和前行的力量。

　　比如小麻在情感上遇到怠慢，小好默默陪她吃火锅，带她去澡堂泡澡，又骑车带她兜风，让小麻在她背后痛快地哭了一场。

　　为了让朋友们体验家的感觉，佐和子把她们邀请到家里，享受美食，细心地照顾每个人的需求。

　　电影最后，是一片森林，三个闺蜜都找到了想要的生活。她们一边享受着新生活的变化，一边拥抱着她们始终如一的闺蜜情。那种场景，非常让人动容。

　　那或许，就是我们心目中的闺蜜情吧。

三、没有不合群的人，只有不合适的群

01 我患了"社交恐惧症"

不知道从什么时候起，我们开始用"宅男""宅女"来形容那些喜欢待在家里，不喜欢花时间出门社交的人。

下班后，同事约你一起吃饭，你明明不愿意，但勉为其难去了，又感觉不像其他人那么多话，有些尬聊。

你宁愿爬四层楼楼梯，也不愿意在电梯里面对不太熟悉的人说着寒暄的"破冰之语"，闻着各种各样的味道。

有时候，你拿着手机和书不是因为你需要看，而只是，你不想和不熟悉的人有过多无聊的交谈……

也许有人会问："我是不是患了社交恐惧症？"但同时，你发现，这只是你的一面，你可能还有另外一面。

在要好的朋友和恋人面前，撒娇卖萌，无所不用其极，大到宇宙运行规律小到内衣的颜色，连最隐私的一面都敢说。

也许，除了那些真的严重回避社交的群体，对于那些只是不太愿意和不熟悉的人有过多交往的人而言，他们不是患上了

"社交恐惧症",只是不想花精力在不喜欢的社交上而已。

他们不会再选择"貌合神离"的客套式交流,而只会跟自己喜欢的人交往。

如果你生活在芬兰,你就会发现这就是大家的常态。芬兰人不喜欢被关注,整个国家以话少出名。他们排队都要与前后的人保持 74.9 英寸(1.9 米)的距离。

02 社交上的"断舍离",是一种时代的需求和进步

(1)社交上的"断舍离",是生活模式变化下的自然需求

我们这代人的父母,大多数生活在熟人社会当中,频繁社交是需要的,也是自然而然发生的。

他们既曾经享受过这种社交模式带来的热闹、方便和暖意融融,也深受其累。

哪怕孙子都有了,年纪很大了,仍然要翻出一本多年前的账本,上面密密麻麻地记着当年谁来参加过自己的婚礼,给过份子钱,需要还回去。

更心累的在于,他们需要出席一些"场面",维护一些并不那么愿意维护的关系,以预防将来的某种"需要"。

不管我们是否意识到,我们的社交方式,随着时代发展,在默默地发生变化。

在外卖和快递横行的年代,你只要有网络,就可以独自一

个人搞定生活中的绝大多数事儿。更重要的是，通过网络，我们比过去更有机会与"同频"的人交往。

写到这里，忽然惊觉，帮我出版过书或者找我约稿的编辑们，我甚至都还没有机会当面跟她们说声"谢谢"，因为我们只是在网上见过面而已。

如果说"80后""90后"还会硬着头皮迎合一些场合，去应付一些不情愿又没有意义的社交，下一代的孩子们，则显得更为率真。

他们一句"我不愿意"，就为社交画上了句号。你觉得需要，你可以去社交，但不要牵扯我，对不起。

这种率真，某种程度上是值得保护的。

（2）社交上的"断舍离"，保护了我们的清静和自在

"我觉得我一点都不合群，看着别人很容易和他人打成一片，我却不行，我很羡慕他们。"咨询中的小艾提出了这样的困惑。

"这让你从中如何受益呢？"我问。

"我感觉好轻松……"当小艾说完这句话的时候，忽然自己都笑了。她知道了一直困扰自己的问题的答案。

实际上，有时候我们的困惑，并不来自我们内在的不便，而是来自我们内在对自己这种"不合群"产生的评判。

"她为啥能像个蝴蝶一样在众人之中穿梭而我却不能？"

"他怎么那么多朋友，而我只有几个呢？"

可仔细问下来，不管是外向还是内向的人，如果问及在众

多聚会中的感受，他们会坦言有时候非常不自在，宁愿和三五知己待在一起。

这正像蔡康永所说的：

"其实我鼓励大家做一个比较冷淡的人，我不认为过于温暖，是一个跟别人维持良好关系的好的立场。如果被温暖两个字给绑住，就更吃力。"

与其过于体贴迁就，展开不情愿的交往，还不如更好地照顾自己心意，让自己更开心，以自己喜欢的方式放松自己。

你开心了，那种吸引力是自然而然的，这是更高层次的一种交往。

（3）社交上的"断舍离"，让我们有更多时间专注于重要的部分

人的精力是有限的，你过分地给予了别人，也就意味着给自己的少了。

你几乎可以在每个领域都能发现这种人，有才华，但自称"不善交际"，在完成工作之后，躲起来自成一体。

明星圈里，给我印象最为深刻的是俞飞鸿。

虽然她既是导演又是演员，但她并不在乎自己是不是时常出现在公众视线内，比较奇妙的是，她每次出场都让人有惊鸿一瞥之感。

在媒体为数不多的采访里，你很容易读到她在外界和自己内心的自由度之间，有一个主动筑起的屏障。在这种保护之下，

她才能刚好地享受自己的空间。

没有社交媒体的俞飞鸿，不靠别人的镜头和平台表达。她说，身体力行就是一种表达，做真实的自己，就是表达本身。

社交要求人们做出牺牲和妥协，一个人越具备独特的个性，就越难做出这样的牺牲。在独处的时候，一个具有丰富思想的人会更加感受到自己丰富的思想。

03 享受孤独，但同时别放弃可以和眼睛对话的机会

或许有人会问，那我是不是只要维持最低限度的社交即可，多余的都是累赘？

值得说明的是，在社交上的"断舍离"，其一个很重要的前提是，你自己的内在感到舒适和自在，并且，并没有影响到你正常的生活和工作。

因为有些人的独处，是自己甘愿的选择，他们在静谧和宁静当中，感受到了发自内心的喜悦和安宁。

饱读诗书的民国才女林徽因，一开始并不是众人眼中特别善于交际的人。

她能够大放异彩，恰恰是因为童年时自己母亲在家中失去地位，父亲又娶了小妾，生了更多子嗣。在母亲的不良情绪和复杂的人际关系当中，她选择了躲进书堆里，享受那份孤独和自由……正是这些才成就了后来的林徽因。

而另外一些人，每当独处的时候，他们会感觉非常的寂寞难耐，只有在热热闹闹的关系当中，他们才更加有存在感和价值感。

这两种人，有不同的需求，也会有不同的社交模式。都是一种选择，适合自己即可。

只是，我们在把"社交恐惧症"的帽子拿掉的时候，在享受网络和现代生活便利的时候，在肆意欢畅通过社交工具沟通的时候，也别忘记某种时刻。

什么时刻呢？

那种放下手机，跟人面对面，认真看着对方的眼睛，细细地交谈的时刻。这种时刻所带来的滋养，远远超过线上无数个红心的送出。也是我们生活中必不可少的一部分。

四、她一夜暴富，半年后焦虑崩溃：
有多少钱，你才有真正的幸福感

你还记得 2018 年闻名全国的那个"支付宝锦鲤"信小呆吗？这几天，因为中奖后的生活现状，她又上了热搜。

2018 年"十一"，信小呆中了"支付宝锦鲤"大奖，奖品包括各种大牌产品和环球旅行的酒店门票。中奖后，她说：我下半生是不是不用工作了？？？

不久之后，信小呆辞去了工作，决定开始环球旅行。现在她已经去过日本、泰国、阿拉斯加州、马尔代夫……

信小呆本来和你我一样，只是一个普普通通的上班族，因为这个巨奖，她的人生发生了一个"不大不小的转折"。现在，她成了一名旅游博主，微博粉丝约 147 万。

曾有媒体采访她，她说，自己并没有那种一夜暴富后的幸福感。

刚开始，她的确觉得自己很幸运，着手计划环球旅行。

但到后来，她"完全没有想象中那么顺利，有一段时间睡不着觉，需要想的东西太多，可能比以前工作需要承担的压力更大"。

"有段时间精神很崩溃，因为每天只睡两三个小时，情绪特别不好，这一年去医院的次数，比我以前加起来都多。"

在阿拉斯加的邮轮上，她和朋友因为信用卡的额度太低，到最后信用卡里都已经没钱了。

毫无疑问，在这段时间里，她既看了世界，有了自由，同时也感到压抑和累赘。

01 有钱，就会真的开心吗

信小呆是一个很好的"中奖模板"，我们都幻想过一夜暴富，天降巨奖，以为那样自己就会活得更好。

可是，有了钱，生活就一定会变好吗？你就会变得更开心吗？

对大多数人来说，钱并不会从天而降，钱都是用繁忙的工作、对健康的透支、对家人陪伴的缺席交换来的。

你有更多的钱，就要承担更大的责任和压力，积累更多的不良情绪——得到钱，都是有条件的。

钱跟幸福感之间有重要关系，但并非一定是正向关系。

知乎上有一个问题："一个人到底要赚多少钱，才能远离焦虑？"有人给了我们关于钱和幸福感的答案。

在一个人 20 ~ 40 岁的时候，收入和幸福感有直接关系，因为这一阶段，拥有钱的多少，直接涉及生活的底层建筑。

但在 40 岁之后，我们的幸福感已经和钱没那么大的关系了。

因为这个时候，绝大部分人已经有了稳定的生活，能解决的问题，用钱基本已经解决了，但真正困扰你的，是那些钱不能解决的。

02 我们一边囤积，一边失去

记得刚大学毕业的时候，一位年长的师兄请我吃饭，他看着我吃饭的样子说："最羡慕的就是你们了，吃什么都香。"

那时我体验尚浅，对未来充满好奇，吃一顿路边摊炒面就很开心，很难理解他的这番话。

直到我基本不再有物质上的困扰，有了足够多的经历之后，忽然理解了他的意思。再见时，他更深地谈了这种体会。

在外人的眼中，他管理着上百人的公司，住着大别墅，有着圆满的家庭。

但他这个时候买一套新房子，住一次五星酒店，坐一次头等舱，已经没有任何新的体验感。

他再也找不到自由和轻松的感觉了，一举一动，都被众人看在眼里，动弹不得。当初他追求的名誉地位、与之匹配的财富，如今恰恰成了禁锢他的东西。

"小时候家里很穷，没零食吃，有一次吃到亲戚串门带来的饼干，第一口咬下去的那种幸福感，我永远不会忘记。"

现在的他，再也找不到那一口饼干的感觉。

我们总是在一边抓取，一边囤积，一边失去，而失去的东西，或许还是无价的。

前几日一个金融圈十分富有的人和我分享他的焦虑。

他在上海有着过亿的资产，太太、两个孩子一直很配合和支持他的工作，他本人也帅气多才。

可是，他从来不觉得自己是"人生赢家"。他说自己经常失眠，内心总有不安全感："别看这么多资产，如果跟太太离婚，再加上孩子们分一下，剩不下多少的。"

更经常有紧迫感和被催促感："全公司的人都跟着我吃饭，我不能停下来。"

"明明知道自己想过简单一些的生活，可就是放不下，什么都想要"，这正是他生活的呈现。

人在不同的状态里，会有新的局面需要面对，而当你到达一定的阶段，会发现有些事情，确实是钱难以真正解决的。

03 关于钱的三种态度

想要更多的钱，这没有错，我们确实需要钱来帮自己体验生活，享受人生。

但是我们总是时时刻刻为钱所累。没钱的时候，因为穷而感到焦虑不安；有钱了，又难免感到压力大、责任重甚至空虚。

要怎样才能跟钱好好相处，让我们无论拥有多少，都能坦然心安呢？你需要调整三种状态。

（1）对金钱的评判越少，越容易富足

《道德经》里说"见素抱朴，少私寡欲。绝学无忧"。前几日朋友就问，既然圣人如此说了，那我们对于财富的追求是不是就是不对的、过分的。

其实，这句话更多的是针对内在，是说无论你拥有多的钱还是少的钱，内在要尽量是平和的、稳定的、"少私寡欲"的。

而并非意味着，你一边渴望富足的生活，一边给钱贴上"粪土"的标签，要是这样，你和钱的关系就坏了。

金钱只是一种能量、一种资源，擅长用它的人，都会喜滋滋地坦然迎接它。钱带来的体验、利益、幸福感，都是被允许的。

（2）你在金钱上失去的，或许会在其他层面获得

前几天遇到一位朋友，她有稳定的工作，但是投什么输什么，几年内损失了两三百万。为了过得轻松一些，她卖掉了房子，租房子来生活。

在聊天时，她无意中透露出"我不敢有钱，我很快就会花出去"的想法，很是困扰。但她也发现，自己的健康和情绪状态，在这几年有了很大的改善。

除了没有积蓄和房子以外，她的心情并没有受到影响，反而是随着精神层面的成长，变得越来越有活力。

我们很容易把有形的钱理解为"积蓄""房子"，但很容易忽视"健康""良好的关系""稳定的情绪"这些无形的钱。

后者，往往更难获得，更无价。

（3）你的内在越是丰盈，越容易富足丰盛

前几日的课程上，一位小伙伴分享了自己的想法。她早年立志"一定要多赚点钱"，可是她发现，这么多年的收入都只是在一个基本线上，始终赚不到钱。

她很困惑，觉得自己内在对金钱的渴望很重，可就是不能如愿。

在深层的探讨中我们发现，她有很深很深的匮乏感，内在对于"自己是否被爱"一直是怀疑的，不够确信的。

所谓"厚德载物"，金钱和爱一样，也是一种非常重要的能量，当她内在这个碗太小的时候，即便是获得了金钱，也会再度失去。

许许多多人和她一样，在赚钱之前的一个重要课题是，先让自己内心充盈，发自内心地"允许"自己富足和拥有，才会真正地赚到钱。

而且，当你真的有了内在的安定，无论你有多少钱，身处哪里，幸福感都会在你身边。

你的幸福感，和余额的多少没那么相关，只和你的内在状态有关。

五、别拦我，我就是要做个"妖精"

最近收到了一则留言：

> 我的妈妈在我很小的时候就和我的爸爸离婚了，她当时因为条件不好，就没有要我和姐姐，成了千夫所指的坏女人。从小也有很多亲戚给我们说妈妈的坏话，说妈妈只顾自己，是一个狠心的女人。妈妈来看我们的时候，也从不辩解。
>
> 离开我们之后，妈妈一直在做各种各样的小生意，渐渐地有了很不错的产业。当然，她也拿钱支持我和姐姐读了大学。等我离婚之后，我更能理解妈妈当初是忍着什么样的痛离开了我们。我其实想说的是，妈妈是我眼中的优秀女人。

这位读者的留言让人回味。众人眼中抛夫弃子、不负责任的妈妈，最终不仅干出了自己的事业，还得到了孩子们的理解和崇拜，真是一个不错的结局。

咨询当中，我们也经常碰到这种问题。很多人实在搞不懂为什么贤妻良母往往是最快被嫌弃的，而那些以自我为中心的"坏女人"却往往像公主一样活着。

如果给人们口中的"好女人"画个像，通常来说就是，人很善良，勤俭持家，照顾家庭很妥帖，特别替他人考虑。

我们所说的"坏女人"，当然不是指无恶不作的真正意义上的坏人，而更多的是指看起来有点坏，但却很受好运眷顾的人。通常来说，有几个特点肯定少不了：

①对自己特别好——容易被解读为"自私""不负责"。

②敢明着要（欲望爆棚）——容易被解读为"妖精"。

③性情不定，令人捉摸不透——容易被解读为"不靠谱"。

01 自私——保护自己的心意

健康的关系当中，是不需要人过度牺牲自己利益的。"坏女人"的自私，是对自己心意的最大保障。

当薇薇看到她眼中并不浪漫的老公为第三者买 3000 块一个的吹风机，买口罩，甚至是买鲜花过情人节的时候，她的内心彻底崩溃了。

"天啊，我一直买一两百块的衣服给自己，护肤品也不敢买贵的，想着给两个孩子节约点辅导班的钱，钱也基本都不太花他的，可他，却给第三者买那么贵的吹风机！"

薇薇和所有的好女人一样，不是做得不够，是做得超出了自己的承受力。

自己生病了需要人陪，老公说要出差，她明明心里不舒服，还是让老公去了。

看着那些漂亮的衣服和饰品，明明很想拥有，可想着都结婚了，还是省着给孩子们花。

她照顾了所有人的利益，可唯独没有自己的。

不难想象，薇薇的老公去追逐的女性就是她眼中的"坏女人"，舍得为自己花钱，也懂得向男人求助（提供被需求的机会），无论在时间还是金钱上，男人都不敢怠慢她。薇薇大包大揽地闲置了老公，其他人便有了机会。

在两性关系当中，"自私"一点的人往往活得更轻松。

①时时刻刻照顾自己的利益。

②敢于拒绝不符合自己心意的人和事，并不为之产生内疚之情。

③是否做一件事，更多地取决于自己的心情而不是被其他人的情绪所绑架。

别小看了这种能力，我们很多人都不具备。这需要一个人对自己诚实，并且对他人和自己的关系十分信赖。

比方说，男人要去和朋友打球，这个时候，女人很想去看电影。矛盾就产生了。

有些人会选择，口头上同意对方去打球，自己一个人宅在家里生闷气。男人回家看到妻子脸色不好，都觉得莫名其妙或者小题大做。

而有些对自己和他人诚实的人，就会如实告诉对方自己的感受和想法，或者让男人自己去选择。如果男人放弃了自己的需求，就一起高高兴兴地去看电影；如果男人还是去打球了，她也会在事后把这种情绪表达出来，于是，男人便有了弥补动机，或者换时间去看电影，或者通过其他方式去哄女人，双方也就不再把这件事当作一件事了。

舍得为自己用最好的资源，敢对不符合自己心意的人和事表达拒绝，这种能力并不一般。这背后，是对"我是被爱的""我值得"深信不疑的。

02 我要！——需求明确

我们经常听到的另一个关于"坏女人"的高频词汇——要。

通常，她们把对金钱、男人和其他任何想要的东西摆在明面上，就像妖精想吃唐僧肉一样目的明确。

为什么这种在常人眼中羞于提起的东西，在关系当中说出来也常常让男性觉得很有可爱之处呢？

很多人看多了偶像剧，特别渴望对方能够直接把自己想要的拿出来，无须自己提及。但这真的是一种为难双方的高要求，是不切实际的。

男性很多时候的思维是比较简单和直接的——出现了什么问

题？怎么解决？往往是他们最先想到的。虽然在恋爱的时候男性愿意花很大的心思去猜女性的想法和需求，但随着关系的深入，他们会希望指令是更明确的而非模糊的。这个时候，他们更希望伴侣能够把需求表达清晰，而不是通过九曲十八弯的方式去表达。

妻子耍了一整天的小脾气，其实只不过在抱怨他情人节连一个红包都不发给她，更别提礼物了。

妻子不断地为家庭付出金钱，得不到丈夫有力的支持，却拉不下脸找丈夫要钱，丈夫也就把钱花到别处去了。

有不少女性找到我们，试图搞清楚为什么丈夫对一个风月场所的女人念念不忘，自己觉得受到了莫大的侮辱。但其实，男人或许并不是多么爱这种女人，他也清楚自己在做什么，只不过，这种明面交易让他们感到"比较轻松"而已，仅此。

女人对于金钱、地位和男人的需求也是正常的，并不可耻。说出自己的需求，是真实的关系；而不敢说出自己的需求，或许你们的关系还只是一种"假性亲密"。

妻子们不妨大胆一些，如果自己很渴望得到礼物，而丈夫又缺乏这种浪漫气息，不妨明确告诉丈夫"我要！你去准备"，甚至面对金钱，面对性，不妨也主动一些，明确一些。

谁都不是谁肚子里的蛔虫，要求对方有心电感应，偶尔有就可以了，多了心脏会受不了的。

03 不定——新鲜，有生命力

有人说，男人天生的逐猎性决定了他们的理想型，就是"新的女人"。而众人眼中不安分、喜欢折腾的"坏女人"刚好与之完美契合。

这种女性特质就是，她们不会停留于"贤妻良母"的角色包袱中，而是不断地在探寻生命中的无限可能性和惊喜。

我有个大学同学，毕业之后，进了一家大公司，但因为发现这家公司和自身气质并不相合，她不顾家人的反对，就辞职了。之后去了美国留学，到了美国之后，又放弃了热门的专业，去跟着一个老师学拍纪录片。毕业之后，她也并没有忙着就业，而是为了拍几个好故事，深入了中国农村好几年，连怀孕生子都仿佛是插空完成的。为此，她的老公苦不堪言，要么是跟着她全世界到处跑，要么只好在家中静静地等待她归来。但是，他很欣赏妻子。

"她是眼里有光的人，我能理解她。因为那些不断追寻的东西，她开阔了我的视野，也总是让我感到生活中的新意。"

喜欢折腾、让人感觉不安分的女人其实是很有生命力的女人。她们并不满足于目前所拥有的东西，一直在探寻更多的可能性。

也因为她们有更多更好玩的东西需要体验，她们并不把过多的精力花在男性身上，使得男性跟她们在一起更加自由和轻松，甚至反过来有一种"把握不住她"的感觉，这使得真正有自信的男性更愿意趋之若鹜地追寻。

这和不少女性耍心机，步步为营，充当百变女想拴住男性是完全不同的。前者基于对自身完满性的确认，而后者，只不过是自身缺乏自信和安全感的一种刻意的弥补。

别说男性喜欢"坏"一点的女人，作为女人，我也喜欢"坏"一点的女人。

"坏"一点的女人，说到底，其实是那种有情趣，有旺盛的生命力，不委屈纠结，知道自己想要什么，也勇敢去追求的女人。

她们或许会让一部分人不喜欢，甚至是招来非议，但是至少，她们对自己和身边人真实，爱得起，也输得起。

或许，自诩为"好女人"的人，反倒是该好好学一学那种坦荡劲儿，做个让自己舒服的"妖精"又何妨？

六、婚姻，是一场少儿不宜的游戏

生活不能等待别人来安排，要自己去争取和奋斗。

——《平凡的世界》

"看了那么多婚姻里的故事，你对婚姻最大的感受是什么？"朋友问我。我想了想，最先涌来的念头是，并不是每个人都适合结婚。

如果你对婚姻的期望仅仅是爱了就结，不开心了就散，那么没多大问题；如果你想要的是一段幸福的婚姻，对婚姻的质量是有要求的，可能婚姻这种形式真的不是适合所有人的。

因为，以婚姻的形式来相处，无论是哪一方，都需要有足够的付出，以成人的态度解决问题。甚至有人会说，"婚姻是一场少儿不宜的游戏"。

01 抱怨婚姻的人忘记了什么

浅浅跟丈夫是大学同学，丈夫觉得浅浅特别单纯，又很善良，他是不顾家人的反对坚决和妻子在一起的。婚后，浅浅的精力主要转到了家庭和孩子身上，工作上只求平稳发展。十几年之后，丈夫的事业发展越来越顺利，他已经不再是结婚之初那个一穷二白的小伙子了。剧情很老套，丈夫出轨了年轻的女同事，他给她买昂贵的东西，浅浅看了好心痛。他提出了离婚。他的理由是："我不爱你了，我在婚姻当中感受不到幸福。"

浅浅听到这句话的时候，感到很好笑。过去的情书还存在箱底，一起生活了十多年的人竟然把婚姻归结于不爱。她终于明白了，为什么她变着花样给家里人做好吃的，辅导孩子功课，不管怎么努力他都一直还是在挑剔她"笨""傻"。

她自己身上的单纯、不留心眼逐渐变成了丈夫眼中的缺点。

这个故事很熟悉对不对？结婚时的优点往往在婚后变成了缺点，或者是，我们选择性忽视对方的优点而去抱怨其他的。

当初因为看上对方老实，婚后开始抱怨他沉默寡言，不懂沟通。

当初因为对方漂亮有活力，婚后开始抱怨她在打扮上太花钱，有损家庭利益。

我们从没想过，身边人是我们自己选择的，不管是基于什么理由选择的，我们是需要承担这个选择的结果的。不能说我选择了一个有钱但长得不好看的人，婚后开始抱怨他的长相；

了不起的自己 | CHAPTER 6 |

选择了一个脾气不好但很善良贤惠的人，婚后开始抱怨她的脾气。这实在不是成年人的行为。

我不仅经常听到很多人抱怨伴侣，甚至还会听到不少人抱怨婚姻让他们失去了自由。

"我真的不想回家，我一回单位就感觉神清气爽。"当听到一位男士说这种话的时候，我很诧异。后来了解得知，因为他休假的时候想在家休息，而家里孩子们吵吵闹闹的，让他很心烦，他说他羡慕那些单身的。

我们常常选择性忽视我们在享受事物的 A 面，却开始抱怨它的 B 面。

就拿这位父亲来说，他选择性地忽视家庭的温暖，可口的饭菜，孩子们的欢乐嬉戏，却在抱怨孩子们的吵闹，妻子的唠叨。

他也选择性地忽视了妻子一样渴望自由空间，渴望轻松自在。女人不过是因为爱，才愿意承担这么多。

我当场就毫不客气地指出了这一点，他不过是既想享受婚姻带来的实际利益，又不愿沾手那些麻烦的事而已。

他的心态实在是太普遍了。无论是抱怨伴侣还是抱怨婚姻本身的人，其实他们都在某种程度上把自己的责任推卸掉了。责任的外化，不过是让自己心里好受点而已。

"我不幸福，是因为你。"

"都是因为你没做好，这件事才会发生。"

这种潜台词是什么？我自己是没有能力的人。我的幸福，是靠别人带来的。然而，在成年人的世界，这些规则不成立。

02 婚姻中的难题怎么破解

太多人是在对婚姻该如何经营一无所知的情况下进入婚姻的。遇到问题之后，开始觉得所托非人，痛苦不堪。

有很多来访者，前来咨询的目标都会围绕"如何打败小三""如何挽回婚姻"等目的，极少数是围绕个人成长而来。我们当然理解要解决眼前问题的需求，但只是想说，要想真的赢得真实健康的婚姻关系，是需要花大力气在自己身上的。因为一切问题的根源在你自己。

Y是因为丈夫出轨被发现而来，丈夫从行为上切断了和第三者的联系，也开始花更多的时间陪伴孩子。Y一直陷在被背叛这件事情的情绪中无法自拔，觉得很屈辱。她一直渴望丈夫做出巨大的改变：

"是他出轨啊，他难道不应该每天跟我视频，陪我多说话吗？"

"是他出轨啊，他难道不顾对孩子们的影响，不知道好爸爸应该下班就回家吗？"

我们当然理解她情绪上的痛苦，只是，她用出轨这个钉子，一下子把丈夫钉在了耻辱柱上。她忽略了丈夫本就沉默寡言，也很少陪伴孩子，他们夫妻之间的问题由来已久，出轨只是雪上加霜而已。

在丈夫明确表示回归并且有所行动之后，她还是在心里对他产生了更多不切实际的期望，甚至期望丈夫一改往日形象，变成一个温暖的模范丈夫，这显然是不切实际的。

对很多遭遇婚姻困境的人来说，或许更负责、更有益于自己和婚姻的思路在于，借助这层关系，来修正自己。

成年人犯错并不可怕，可怕的是，犯了错不知道学习，躺着耍赖，说全是别人的问题。

03 能承担起多大的责任，就享有多么幸福的生活

虽然我国法律规定婚龄，男不得早于二十二周岁，女不得早于二十周岁，但仍然有众多的步入婚姻殿堂的准夫妇的心智停留在少儿阶段。这个年龄段的孩子是什么状态呢？吃穿拉撒全靠父母；不需要独立承担责任，出了事有别人顶着；没有独立解决问题的能力，需要别人的帮助。

从这个角度来说，你就不难理解，为什么妈宝男和公主病大为盛行。婚姻中我们不断因为生活琐事的争执把感情消磨干净。

我经常会与来访者分享一句话："你能承担起多大责任，就享有多大自由。"

成年人面对婚姻甚至是整个人生的态度有什么特点？

（1）按照自己的心意去选择，而不是别人的

有很多人在问："他／她到底是爱我才跟我结婚的，还是

因为别的？"其实这个并不是那么重要。

婚姻这件事，在有的人眼中需要灵魂契合，激情四射；在另外的人眼中却只需要岁月静好，相安无事。你基于什么样的理由去选择婚姻，只要是双方愿意，都是正常的。

但我们不能忽略的是，这是否是你心甘情愿的一个自我选择。这个更重要，更关键。

有很多人，是被父母催婚催烦了或者是父母相中了匆忙找个人结婚，也有人是受"他／她条件这么好"忽略了你自己直觉上的那点犹豫而结婚的。这种婚姻，在最开始就种下了不甘心的种子。或许对方并没有大的过错，错的只是，你处理不好自己的不甘心。

我们无法预料婚姻路上会发生什么，但至少，"梦里醒来想起来身边人是他／她就笑了"，那就对了。

（2）心甘情愿为这个选择承担结果

一家人在外面吃饭的时候，孩子经常会看着这种也想点，那种也想要，这个时候孩子爸爸经常拿这么一句话教育孩子不要浪费食物："点可以点，但自己点的，跪着也要吃完。"孩子知道爸爸并非在开玩笑，不管好吃与否他点的真的需要全部吃光，有时候就会收敛很多。

小孩子尚且要教会他为自己的选择买单，本着负责的态度，成年人的婚姻，又何尝不是如此呢？

你选择以物质作为首要考量进入婚姻，那就要做好准备，有一天你可能全部失去不属于你的东西；你选择做全职太太，本身就意味着你的劳动成果有可能被家人看不见，自己落后于这个社会；你选择依赖你的伴侣去生活，本来就意味着你一面享受，另一面在一点点失去独立的能力。

（3）以创造者的态度解决婚姻面临的问题

当我们在婚姻当中遇到问题的时候，则更是展现我们是否拥有负责态度的时候。

倾向于把婚姻当成一种享受的人，都是长不大的孩子。他们承担不起自己的幸福，他们总希望回到孩童时期，渴望母亲的哺育，不需要任何努力，只要张开嘴就可以。他们无法体会人生的幸福是需要代价的，天下没有免费的午餐。

要知道，没有人真的能够阻止我们离开一段关系。不管表面上我们基于什么样的原因留下来，唯一让我们留下的，其实是我们自己。既然我们选择目前不会离开这段关系，那么，还不如共同来为这段婚姻的感情账户储蓄，为自己创造幸福的婚姻关系。

想要美好婚姻的结果，但却不愿意承担达到这个结果的路途中所要付出的代价和承担的责任，只想退行到一个孩子的状态，痛苦就产生了。

两个没有血缘关系的人，如果没有对婚姻的经营，没有共同的情感账户，他们的婚姻是长久不了的。

如果在遇到困境的时候，我们通过服务伴侣、阅读、听课、心理咨询、良性沟通等方法，既加深对伴侣的理解，又滋养我们自己，以创造性的视角去营造幸福的婚姻关系，你很可能迎来婚姻甚至人生局面的大改观。

婚姻是一场修行，确实没错。经由此，我们才能照见自己需要成长的部分，以成年人的态度为自己的生活负起全责。